LES

PARADIS

ARTIFICIELS

OPIUM ET HASCHISCH

PAR

CHARLES BAUDELAIRE

PARIS

POULET-MALASSIS ET DE BROISE

LIBRAIRES-ÉDITEURS

9, rue des Beaux-Arts

—

1860

Traduction et reproduction réservées

1.797

LES

PARADIS

ARTIFICIELS

ALENÇON. — TYP. DE POULET-MALASSIS ET DE BROISE.

LES
PARADIS
ARTIFICIELS
OPIUM ET HASCHISCH

PAR

CHARLES BAUDELAIRE

PARIS

POULET-MALASSIS ET DE BROISE

LIBRAIRES-ÉDITEURS

9, rue des Beaux-Arts

—

1860

Traduction et reproduction réservées.

A

J. G. F.

Ma chère amie,

Le bon sens nous dit que les choses de la terre n'existent que bien peu, et que la vraie réalité n'est que dans les rêves. Pour digérer le bonheur naturel, comme l'artificiel, il faut d'abord avoir le courage de l'avaler, et ceux qui mériteraient peut-être le bonheur sont justement ceux-là à qui la

a

félicité, telle que la conçoivent les mortels, a tou-
jours fait l'effet d'un vomitif.

A des esprits niais il paraîtra singulier, et même
impertinent, qu'un tableau de voluptés artificielles
soit dédié à une femme, source la plus ordinaire
des voluptés les plus naturelles. Toutefois il est évi-
dent que comme le monde naturel pénètre dans le
spirituel, lui sert de pâture, et concourt ainsi à
opérer cet amalgame indéfinissable que nous nom-
mons notre individualité, la femme est l'être qui
projette la plus grande ombre ou la plus grande
lumière dans nos rêves. La femme est fatalement
suggestive; elle vit d'une autre vie que la sienne
propre; elle vit spirituellement dans les imagina-
tions qu'elle hante et qu'elle féconde.

Il importe d'ailleurs fort peu que la raison de
cette dédicace soit comprise. Est-il même bien né-
cessaire, pour le contentement de l'auteur, qu'un
livre quelconque soit compris, excepté de celui ou
de celle pour qui il a été composé? Pour tout dire

enfin, indispensable qu'il ait été écrit pour quelqu'un ? J'ai, quant à moi, si peu de goût pour le monde vivant que, pareil à ces femmes sensibles et désœuvrées qui envoient, dit-on, par la poste leurs confidences à des amis imaginaires, volontiers je n'écrirais que pour les morts.

Mais ce n'est pas à une morte que je dédie ce petit livre ; c'est à une qui, quoique malade, est toujours active et vivante en moi, et qui tourne maintenant tous ses regards vers le Ciel, ce lieu de toutes les transfigurations. Car, tout aussi bien que d'une drogue redoutable, l'être humain jouit de ce privilége de pouvoir tirer des jouissances nouvelles et subtiles même de la douleur, de la catastrophe et de la fatalité.

Tu verras dans ce tableau un promeneur sombre et solitaire, plongé dans le flot mouvant des multitudes, et envoyant son cœur et sa pensée à une Electre lointaine qui essuyait naguères son front baigné de sueur et rafraîchissait ses lèvres par-

cheminées par la fièvre; *et tu devineras la gra-*
titude d'un autre Oreste dont tu as souvent sur-
veillé les cauchemars, et de qui tu dissipais, d'une
main légère et maternelle, le sommeil épouvan-
table.

C. B.

LE POEME DU HASCHISCH

4

LE POEME DU HASCHISCH

I

LE GOUT DE L'INFINI

EUX qui savent s'observer eux-mêmes et qui gardent la mémoire de leurs impressions, ceux-là qui ont su, comme Hoffmann, construire leur baromètre spirituel, ont eu parfois à noter, dans l'observatoire de leur pensée, de belles saisons, d'heureuses journées, de délicieuses minutes. Il est des jours où l'homme s'éveille avec un génie jeune et vigoureux. Ses pau-

pières à peine déchargées du sommeil qui
les scellait, le monde extérieur s'offre à lui
avec un relief puissant, une netteté de contours, une richesse de couleurs admirables.
Le monde moral ouvre ses vastes perspectives, pleines de clartés nouvelles. L'homme
gratifié de cette béatitude, malheureusement
rare et passagère, se sent à la fois plus artiste
et plus juste, plus noble, pour tout dire en
un mot. Mais ce qu'il y a de plus singulier
dans cet état exceptionnel de l'esprit et des
sens, que je puis sans exagération appeler
paradisiaque, si je le compare aux lourdes
ténèbres de l'existence commune et journalière, c'est qu'il n'a été créé par aucune cause
bien visible et facile à définir. Est-il le résultat d'une bonne hygiène et d'un régime de
sage? Telle est la première explication qui
s'offre à l'esprit; mais nous sommes obligés
de reconnaître que souvent cette merveille,
cette espèce de prodige, se produit comme si
elle était l'effet d'une puissance supérieure et

invisible, extérieure à l'homme, après une période où celui-ci a fait abus de ses facultés physiques. Dirons-nous qu'elle est la récompense de la prière assidue et des ardeurs spirituelles? Il est certain qu'une élévation constante du désir, une tension des forces spirituelles vers le ciel, serait le régime le plus propre à créer cette santé morale, si éclatante et si glorieuse; mais en vertu de quelle loi absurde se manifeste-t-elle parfois après de coupables orgies de l'imagination, après un abus sophistique de la raison, qui est à son usage honnête et raisonnable ce que les tours de dislocation sont à la saine gymnastique? C'est pourquoi je préfère considérer cette condition anormale de l'esprit comme une véritable grâce, comme un miroir magique où l'homme est invité à se voir en beau, c'est-à-dire tel qu'il devrait et pourrait être; une espèce d'excitation angélique, un rappel à l'ordre sous une forme complimenteuse. De même une certaine école spiritualiste, qui a ses représentants en Angleterre et en Amérique, considère les phénomènes surnaturels, tels que les apparitions de fantômes, les revenants, etc., comme des manifestations de la volonté divine, attentive à réveiller dans l'esprit de l'homme le souvenir des réalités invisibles.

D'ailleurs cet état charmant et singulier, où toutes les forces s'équilibrent, où l'imagination, quoique merveilleusement puissante, n'entraîne pas à sa suite le sens moral dans de périlleuses aventures, où une sensibilité exquise n'est plus torturée par des nerfs malades, ces conseillers ordinaires du crime ou du désespoir, cet état merveilleux, dis-je, n'a pas de symptômes avant-coureurs. Il est aussi imprévu que le fantôme. C'est une espèce de hantise, mais de hantise intermittente, dont nous devrions tirer, si nous étions sages, la certitude d'une existence meilleure et l'espérance d'y atteindre par l'exercice journalier de notre volonté. Cette acuité de la pensée,

cet enthousiasme des sens et de l'esprit, ont
dû, en tout temps, apparaître à l'homme
comme le premier des biens; c'est pourquoi,
ne considérant que la volupté immédiate, il
a, sans s'inquiéter de violer les lois de sa
constitution, cherché dans la science physique, dans la pharmaceutique, dans les plus
grossières liqueurs, dans les parfums les plus
subtils, sous tous les climats et dans tous les
temps, les moyens de fuir, ne fût-ce que pour
quelques heures, son habitacle de fange, et,
comme dit l'auteur de *Lazare,* « d'emporter
le paradis d'un seul coup. » Hélas! les vices
de l'homme, si pleins d'horreur qu'on les
suppose, contiennent la preuve (quand ce ne
serait que leur infinie expansion!) de son
goût de l'infini; seulement, c'est un goût qui
se trompe souvent de route. On pourrait
prendre dans un sens métaphorique le vulgaire proverbe : *Tout chemin mène à Rome,* et
l'appliquer au monde moral ; tout mène à la
récompense ou au châtiment, deux formes de

l'éternité. L'esprit humain regorge de passions ; il en a *à revendre*, pour me servir d'une
autre locution triviale ; mais ce malheureux
esprit, dont la dépravation naturelle est aussi
grande que son aptitude soudaine, quasi pa-
radoxale, à la charité et aux vertus les plus
ardues, est fécond en paradoxes qui lui per-
mettent d'employer pour le mal le trop plein
de cette passion débordante. Il ne croit jamais
se vendre en bloc. Il oublie, dans son infatua-
tion, qu'il se joue à un plus fin et plus fort
que lui, et que l'Esprit du Mal, même quand
on ne lui livre qu'un cheveu, ne tarde pas à
emporter la tête. Ce seigneur visible de la nature visible (je parle de l'homme) a donc
voulu créer le paradis par la pharmacie, par
les boissons fermentées, semblable à un ma-
niaque qui remplacerait des meubles solides
et des jardins véritables par des décors peints
sur toile et montés sur châssis. C'est dans
cette dépravation du sens de l'infini que gît,
selon moi, la raison de tous les excès coupa-

bles, depuis l'ivresse solitaire et concentrée du littérateur, qui, obligé de chercher dans l'opium un soulagement à une douleur physique, et ayant ainsi découvert une source de jouissances morbides, en a fait peu à peu son unique hygiène et comme le soleil de sa vie spirituelle, jusqu'à l'ivrognerie la plus répugnante des faubourgs, qui, le cerveau plein de flamme et de gloire, se roule ridiculement dans les ordures de la route.

Parmi les drogues les plus propres à créer ce que je nomme l'*Idéal artificiel*, laissant de côté les liqueurs, qui poussent vite à la fureur matérielle et terrassent la force spirituelle, et les parfums dont l'usage excessif, tout en rendant l'imagination de l'homme plus subtile, épuise graduellement ses forces physiques, les deux plus énergiques substances, celles dont l'emploi est le plus commode et le plus sous la main, sont le haschisch et l'opium. L'analyse des effets mystérieux et des jouissances morbides que peuvent engen-

1.

drer ces drogues, des châtiments inévitables qui résultent de leur usage prolongé, et enfin de l'immoralité même impliquée dans cette poursuite d'un faux idéal, constitue le sujet de cette étude.

Le travail sur l'opium a été fait, et d'une manière si éclatante, médicale et poétique à la fois, que je n'oserais rien y ajouter. Je me contenterai donc, dans une autre étude, de donner l'analyse de ce livre incomparable, qui n'a jamais été traduit en France dans sa totalité. L'auteur, homme illustre, d'une imagination puissante et exquise, aujourd'hui retiré et silencieux, a osé, avec une candeur tragique, faire le récit des jouissances et des tortures qu'il a trouvées jadis dans l'opium, et la partie la plus dramatique de son livre est celle où il parle des efforts surhumains de volonté qu'il lui a fallu déployer pour échapper à la damnation à laquelle il s'était imprudemment voué lui-même.

Aujourd'hui, je ne parlerai que du has-

chisch, et j'en parlerai suivant des renseignements nombreux et minutieux, extraits
des notes ou des confidences d'hommes intel-
ligents qui s'y étaient adonnés longtemps.
Seulement, je fondrai ces documents variés
en une sorte de monographie, choisissant
une âme, facile d'ailleurs à expliquer et à définir, comme type propre aux expériences de
cette nature.

II

QU'EST-CE QUE LE HASCHISCH ?

Les récits de Marco Polo, dont on s'est à tort moqué, comme de quelques autres voyageurs anciens, ont été vérifiés par les savants et méritent notre créance. Je ne raconterai pas après lui comment le Vieux de la Montagne enfermait, après les avoir enivrés de haschisch (d'où, Haschischins ou Assassins), dans un jardin plein de délices, ceux de ses plus jeunes disciples à qui il voulait donner une idée du paradis, récompense entrevue, pour ainsi dire, d'une obéissance passive et irréfléchie. Le lecteur peut, relativement à

la société secrète des Haschischins, consulter
le livre de M. de Hammer et le mémoire
de M. Sylvestre de Sacy, contenu dans le
tome XVI des *Mémoires de l'Académie des Inscriptions et Belles-Lettres,* et, relativement à l'é-
tymologie du mot *assassin,* sa lettre au rédac-
teur du *Moniteur,* insérée dans le numéro 359
de l'année 1809. Hérodote raconte que les
Scythes amassaient des graines de chanvre
sur lesquelles ils jetaient des pierres rougies
au feu. C'était pour eux comme un bain de
vapeur plus parfumée que celle d'aucune
étuve grecque, et la jouissance en était si vive
qu'elle leur arrachait des cris joie.

- Le haschisch, en effet, nous vient de l'O-
rient; les propriétés excitantes du chanvre
étaient bien connues dans l'ancienne Egypte,
et l'usage en est très-répandu, sous différents
noms, dans l'Inde, dans l'Algérie et dans
l'Arabie heureuse. Mais nous avons auprès
de nous, sous nos yeux, des exemples curieux de l'ivresse causée par les émanations

végétales. Sans parler des enfants qui, après avoir joué et s'être roulés dans des amas de luzerne fauchée, éprouvent souvent de singuliers vertiges, on sait que, lorsque se fait la moisson du chanvre, les travailleurs mâles et femelles subissent des effets analogues; on dirait que de la moisson s'élève un miasme qui trouble malicieusement leur cerveau. La tête du moissonneur est pleine de tourbillons, quelquefois chargée de rêveries. A de certains moments, les membres s'affaiblissent et refusent le service. Nous avons entendu parler de crises somnambuliques assez fréquentes chez les paysans russes, dont la cause, dit-on, doit être attribuée à l'usage de l'huile de chènevis dans la préparation des aliments. Qui ne connaît les extravagances des poules qui ont mangé des graines de chènevis, et l'enthousiasme fougueux des chevaux que les paysans, dans les noces et les fêtes patronales, préparent à une course au clocher par une ration de chènevis, quelquefois arrosée de vin?

Cependant, le chanvre français est impropre à se transformer en haschisch, ou du moins, d'après les expériences répétées, impropre à donner une drogue égale en puissance au haschisch. Le haschisch, ou chanvre indien, *cannabis indica*, est une plante de la famille des urticées, en tout semblable, sauf qu'elle n'atteint pas la même hauteur, au chanvre de nos climats. Il possède des propriétés enivrantes très-extraordinaires qui, depuis quelques années, ont attiré en France l'attention des savants et des gens du monde. Il est plus ou moins estimé, suivant ses différentes provenances; celui du Bengale est le plus prisé par les amateurs; cependant, ceux d'Egypte, de Constantinople, de Perse et d'Algérie jouissent des mêmes propriétés, mais à un degré inférieur.

Le haschisch (ou herbe, c'est-à-dire l'herbe par excellence, comme si les Arabes avaient voulu définir en un mot l'*herbe*, source de toutes les voluptés immatérielles) porte différents noms, suivant sa composition et le mode de préparation qu'il a subie dans le pays où il a été récolté : dans l'Inde, *bangie*; en Afrique, *teriaki*; en Algérie et dans l'Arabie heureuse, *madjound*, etc. Il n'est pas indifférent de le cueillir à toutes les époques de l'année; c'est quand il est en fleur qu'il possède sa plus grande énergie; les sommités fleuries sont, par conséquent, les seules parties employées dans les différentes préparations dont nous avons à dire quelques mots.

L'*extrait gras* du haschisch, tel que le préparent les Arabes, s'obtient en faisant bouillir les sommités de la plante fraîche dans du beurre avec un peu d'eau. On fait passer, après évaporation complète de toute humidité, et l'on obtient ainsi une préparation qui a l'apparence d'une pommade de couleur jaune verdâtre, et qui garde une odeur désagréable de haschisch et de beurre rance. Sous cette forme, on l'emploie en petites boulettes de 2 à 4 grammes; mais à cause de son odeur

répugnante, qui va croissant avec le temps,
les Arabes mettent l'extrait gras sous la forme
de confitures.

La plus usitée de ces confitures, le *dawa-mesk*, est un mélange d'extrait gras, de sucre
et de divers aromates, tels que vanille, can-
nelle, pistaches, amandes, musc. Quelquefois
même on y ajoute un peu de cantharide,
dans un but qui n'a rien de commun avec les
résultats ordinaires du haschisch. Sous cette
forme nouvelle, le haschisch n'a rien de désagréable, et on peut le prendre à la dose de
15, 20 et 30 grammes, soit enveloppé dans
une feuille de pain à chanter, soit dans une
tasse de café.

Les expériences faites par MM. Smith, Gas-
tinel et Decourtive ont eu pour but d'arriver à
la découverte du principe actif du haschisch.
Malgré leurs efforts, sa combinaison chimique
est encore peu connue; mais on attribue généralement ses propriétés à une matière rési-
neuse qui s'y trouve en assez bonne dose,

dans la proportion de 10 pour 100 environ. Pour obtenir cette résine, on réduit la plante sèche en poudre grossière, et on la lave plusieurs fois avec de l'alcool que l'on distille ensuite pour le retirer en partie; on fait évaporer jusqu'à consistance d'extrait; on traite cet extrait par l'eau, qui dissout les matières gommeuses étrangères, et la résine reste alors à l'état de pureté.

Ce produit est mou, d'une couleur verte foncée, et possède à un haut degré l'odeur caractéristique du haschisch. 5, 10, 15 centigrammes suffisent pour produire des effets surprenants. Mais la haschischine, qui peut s'administrer sous forme de pastilles au chocolat ou de petites pilules gingembrées, a, comme le dawamesk et l'extrait gras, des effets plus ou moins vigoureux et d'une nature très-variée suivant le tempérament des individus et leur susceptibilité nerveuse. Il y a mieux, c'est que le résultat varie dans le même individu. Tantôt ce sera une gaieté im-

modérée et irrésistible, tantôt une sensation
de bien-être et de plénitude de vie, d'autres
fois un sommeil équivoque et traversé de
rêves. Il existe cependant des phénomènes
qui se reproduisent assez régulièrement, surtout chez les personnes d'un tempérament et
d'une éducation analogues; il y a une espèce
d'unité dans la variété qui me permettra de
rédiger sans trop de peine cette monographie
de l'ivresse dont j'ai parlé tout à l'heure.

A Constantinople, en Algérie et même en
France, quelques personnes fument du haschisch mêlé avec du tabac; mais alors les phénomènes en question ne se produisent que
sous une forme très-modérée et, pour ainsi
dire, paresseuse. J'ai entendu dire qu'on avait
récemment, au moyen de la distillation, tiré
du haschisch une huile essentielle qui paraît
posséder une vertu beaucoup plus active que
toutes les préparations connues jusqu'à présent; mais elle n'a pas été assez étudiée
pour que je puisse avec certitude parler de

ses résultats. N'est-il pas superflu d'ajouter que le thé, le café et les liqueurs sont des adjuvants puissants qui accélèrent plus ou moins l'éclosion de cette ivresse mystérieuse?

III

LE THÉATRE DE SÉRAPHIN

Qu'éprouve-t-on? que voit-on? des choses
merveilleuses, n'est-ce pas? des spectacles
extraordinaires? Est-ce bien beau? et bien
terrible? et bien dangereux? — Telles sont les
questions ordinaires qu'adressent, avec une
curiosité mêlée de crainte, les ignorants aux
adeptes. On dirait une enfantine impatience
de savoir, comme celle des gens qui n'ont jamais quitté le coin de leur feu, quand ils se
trouvent en face d'un homme qui revient de
pays lointains et inconnus. Ils se figurent l'i-
vresse du haschisch comme un pays prodi-

gieux, un vaste théâtre de prestidigitation et
d'escamotage, où tout est miraculeux et imprévu. C'est là un préjugé, une méprise complète. Et, puisque pour le commun des lec-
teurs et des questionneurs le mot haschisch
comporte l'idée d'un monde étrange et bou-
leversé, l'attente de rêves prodigieux (il serait mieux de dire hallucinations, lesquelles
sont d'ailleurs moins fréquentes qu'on ne le
suppose), je ferai tout de suite remarquer
l'importante différence qui sépare les effets
du haschisch des phénomènes du sommeil.
Dans le sommeil, ce voyage aventureux de
tous les soirs, il y a quelque chose de positivement miraculeux; c'est un miracle dont la
ponctualité a émoussé le mystère. Les rêves
de l'homme sont de deux classes. Les uns,
pleins de sa vie ordinaire, de ses préoccupa-
tions, de ses désirs, de ses vices, se combinent d'une façon plus ou moins bizarre avec
les objets entrevus dans la journée, qui se
sont indiscrètement fixés sur la vaste toile de

sa mémoire. Voilà le rêve naturel ; il est
l'homme lui-même. Mais l'autre espèce de
rêve ! le rêve absurde, imprévu, sans rapport
ni connexion avec le caractère, la vie et les
passions du dormeur ! ce rêve, que j'appellerai hiéroglyphique, représente évidemment
le côté surnaturel de la vie, et c'est justement
parce qu'il est absurde que les anciens l'ont
cru divin. Comme il est inexplicable par les
causes naturelles, ils lui ont attribué une
cause extérieure à l'homme ; et encore aujourd'hui, sans parler des oneiromanciens, il
existe une école philosophique qui voit dans
les rêves de ce genre tantôt un reproche,
tantôt un conseil ; en somme, un tableau
symbolique et moral, engendré dans l'esprit
même de l'homme qui sommeille. C'est un
dictionnaire qu'il faut étudier, une langue
dont les sages peuvent obtenir la clef.

Dans l'ivresse du haschisch, rien de semblable. Nous ne sortirons pas du rêve naturel.
L'ivresse, dans toute sa durée, ne sera, il est

vrai, qu'un immense rêve, grâce à l'intensité
des couleurs et à la rapidité des conceptions;
mais elle gardera toujours la tonalité particulière de l'individu. L'homme a voulu rêver,
le rêve gouvernera l'homme; mais ce rêve
sera bien le fils de son père. L'oisif s'est ingé-
nié pour introduire artificiellement le surnaturel dans sa vie et dans sa pensée; mais il
n'est, après tout et malgré l'énergie acciden-
telle de ses sensations, que le même homme
augmenté, le même nombre élevé à une très-
haute puissance. Il est subjugué; mais, pour
son malheur, il ne l'est que par lui-même,
c'est-à-dire par la partie déjà dominante de
lui-même; *il a voulu faire l'ange, il est devenu
une bête,* momentanément très-puissante, si
toutefois on peut appeler puissance une sensibilité excessive, sans gouvernement pour la
modérer ou l'exploiter.

Que les gens du monde et les ignorants, curieux de connaître des jouissances exception-
nelles, sachent donc bien qu'ils ne trouveront

dans le haschisch rien de miraculeux, absolument rien que le naturel excessif. Le cerveau et l'organisme sur lesquels opère le haschisch, ne donneront que leurs phénomènes ordinaires, individuels, augmentés, il est vrai, quant au nombre et à l'énergie, mais toujours fidèles à leur origine. L'homme n'échappera pas à la fatalité de son tempérament physique et moral : le haschisch sera, pour les impressions et les pensées familières de l'homme, un miroir grossissant, mais un pur miroir.

Voici la drogue sous vos yeux : un peu de confiture verte, gros comme une noix, singulièrement odorante, à ce point qu'elle soulève une certaine répulsion et des velléités de nausées, comme le ferait, du reste, toute odeur fine et même agréable, portée à son maximum de force et pour ainsi dire de densité. Qu'il me soit permis de remarquer, en passant, que cette proposition peut être inversée, et que le parfum le plus répugnant, le plus révoltant, deviendrait peut-être un plaisir, s'il était réduit à son minimum de quantité et d'expansion. — Voilà donc le bonheur! il remplit la capacité d'une petite cuiller! le bonheur avec toutes ses ivresses, toutes ses folies, tous ses enfantillages! Vous pouvez avaler sans crainte; on n'en meurt pas. Vos organes physiques n'en recevront aucune atteinte. Plus tard peut-être un trop fréquent appel au sortilége diminuera-t-il la force de votre volonté, peut-être serez-vous moins homme que vous ne l'êtes aujourd'hui; mais le châtiment est si lointain, et le désastre futur d'une nature si difficile à définir! Que risquez-vous? demain un peu de fatigue nerveuse. Ne risquez-vous pas tous les jours de plus grands châtiments pour de moindres récompenses? Ainsi, c'est dit : vous avez même, pour lui donner plus de force et d'expansion, délayé votre dose d'extrait gras dans une tasse de café noir; vous avez pris soin d'avoir l'estomac libre, reculant vers neuf ou dix heures du soir le repas substantiel, pour livrer au poison toute liberté d'action ; tout au plus dans une heure prendrez-vous une légère soupe. Vous êtes maintenant suffisamment lesté pour un long et singulier voyage. La vapeur a sifflé, la voilure est orientée, et vous avez sur les voyageurs ordinaires ce curieux privilége d'ignorer où vous allez. Vous l'avez voulu ; vive la fatalité !

Je présume que vous avez eu la précaution de bien choisir votre moment pour cette aventureuse expédition. Toute débauche parfaite a besoin d'un parfait loisir. Vous savez d'ailleurs que le haschisch crée l'exagération non-seulement de l'individu, mais aussi de la circonstance et du milieu ; vous n'avez pas de devoirs à accomplir exigeant de la ponctualité, de l'exactitude ; point de chagrins de famille ; point de douleurs d'amour. Il faut y prendre garde. Ce chagrin, cette inquiétude, ce souvenir d'un devoir qui réclame votre volonté et votre attention à une minute déter-

minée, viendraient sonner comme un glas à
travers votre ivresse et empoisonneraient
votre plaisir. L'inquiétude deviendrait angoisse; le chagrin, torture. Si, toutes ces conditions préalables observées, le temps est
beau, si vous êtes situé dans un milieu favorable, comme un paysage pittoresque ou un
appartement poétiquement décoré, si de plus
vous pouvez espérer un peu de musique, alors
tout est pour le mieux.

Il y a généralement dans l'ivresse du haschisch trois phases assez faciles à distinguer,
et ce n'est pas une chose peu curieuse à observer, chez les novices, que les premiers
symptômes de la première phase. Vous avez
entendu parler vaguement des merveilleux
effets du haschisch; votre imagination a pré-
conçu une idée particulière, quelque chose
comme un idéal d'ivresse; il vous tarde de savoir si la réalité sera décidément à la hauteur
de votre espérance. Cela suffit pour vous jeter
dès le commencement dans un état anxieux,

assez favorable à l'humeur conquérante et en-
vahissante du poison. La plupart des novices,
au premier degré d'initiation, se plaignent
de la lenteur des effets; il les attendent avec
une impatience puérile, et la drogue n'agis-
sant pas assez vite à leur gré, ils se livrent à
des fanfaronnades d'incrédulité qui sont fort
réjouissantes pour les vieux initiés qui savent
comment le haschisch se gouverne. Les premières atteintes, comme les symptômes d'un
orage longtemps indécis, apparaissent et se
multiplient au sein même de cette incrédulité. C'est d'abord une certaine hilarité, sau-
grenue, irrésistible, qui s'empare de vous.
Ces accès de gaieté non motivée, dont vous
êtes presque honteux, se reproduisent fréquemment, et coupent des intervalles de stupeur pendant lesquels vous cherchez en vain
à vous recueillir. Les mots les plus simples,
les idées les plus triviales prennent une physionomie bizarre et nouvelle; vous vous éton-
nez même de les avoir jusqu'à présent trouvés

si simples. Des ressemblances et des rappro-
chements incongrus, impossibles à prévoir,
des jeux de mots interminables, des ébauches
de comique, jaillissent continuellement de
votre cerveau. Le démon vous a envahi ; il est
inutile de regimber contre cette hilarité, douloureuse comme un chatouillement. De temps
en temps vous riez de vous-même, de votre
niaiserie et de votre folie, et vos camarades,
si vous en avez, rient également de votre état
et du leur ; mais, comme ils sont sans malice,
vous êtes sans rancune.

Cette gaieté, tour à tour languissante ou
poignante, ce malaise dans la joie, cette insé-
curité, cette indécision de la maladie, ne du-
rent généralement qu'un temps assez court.
Bientôt les rapports d'idées deviennent tellement vagues, le fil conducteur qui relie vos
conceptions si ténu, que vos complices seuls
peuvent vous comprendre. Et encore, sur ce
sujet et de ce côté, aucun moyen de vérifica-
tion ; peut-être croient-ils vous comprendre,

et l'illusion est-elle réciproque. Cette folâtre-
rie et ces éclats de rire, qui ressemblent à des
explosions, apparaissent comme une véritable
folie, au moins comme une niaiserie de ma-
niaque, à tout homme qui n'est pas dans le
même état que vous. De même la sagesse et
le bon sens, la régularité des pensées chez le
témoin prudent qui ne s'est pas enivré, vous
réjouit et vous amuse comme un genre particulier de démence. Les rôles sont intervertis.
Son sang-froid vous pousse aux dernières li-
mites de l'ironie. N'est-ce pas une situation
mystérieusement comique que celle d'un
homme qui jouit d'une gaieté incompréhen-
sible pour qui ne s'est pas placé dans le même
milieu que lui? Le fou prend le sage en pitié,
et dès lors l'idée de sa supériorité commence
à poindre à l'horizon de son intellect. Bientôt
elle grandira, grossira et éclatera comme un
météore.

J'ai été témoin d'une scène de ce genre qui
a été poussée fort loin, et dont le grotesque

2.

n'était intelligible que pour ceux qui connais-
saient, au moins par l'observation sur autrui,
les effets de la substance et la différence
énorme de diapason qu'elle crée entre deux
intelligences supposées égales. Un musicien
célèbre, qui ignorait les propriétés du haschisch, qui peut-être n'en avait jamais entendu parler, tombe au milieu d'une société
dont plusieurs personnes en avaient pris. On
essaie de lui en faire comprendre les merveilleux effets. A ces prodigieux récits, il sourit
avec grâce, par complaisance, comme un
homme qui veut bien *poser* pendant quelques
minutes. Sa méprise est vite devinée par ces
esprits que le poison a aiguisés, et les rires le
blessent. Ces éclats de joie, ces jeux de mots,
ces physionomies altérées, toute cette atmosphère malsaine l'irritent et le poussent à dé-
clarer, plus tôt peut-être qu'il n'aurait voulu,
*que cette charge d'artistes est mauvaise, et que d'ail-
leurs elle doit être bien fatigante pour ceux qui
l'ont entreprise.* Le comique illumina tous les

esprits comme un éclair. Ce fut un redoublement de joie. « Cette *charge* peut être bonne
pour vous, dit-il, mais pour moi, non. » —
« Il suffit qu'elle soit bonne pour nous, » ré-
plique en égoïste un des malades. Ne sachant
s'il a affaire à de véritables fous ou à des gens
qui simulent la folie, notre homme croit que
le parti le plus sage est de se retirer; mais
quelqu'un ferme la porte et cache la clef. Un
autre, s'agenouillant devant lui, lui demande
pardon au nom de la société, et lui déclare
insolemment, mais avec larmes, que, malgré
son infériorité spirituelle, qui peut-être excite un peu de pitié, tous sont pénétrés pour
lui d'une amitié profonde. Celui-ci se résigne
à rester, et même il condescend, sur des
prières instantes, à faire un peu de musique.
Mais les sons du violon, en se répandant dans
l'appartement comme une nouvelle conta-
gion, *empoignaient* (le mot n'est pas trop fort)
tantôt un malade, tantôt un autre. C'étaient
des soupirs rauques et profonds, des sanglots

soudains, des ruisseaux de larmes silencieu-
ses. Le musicien épouvanté s'arrête, et, s'ap-
prochant de celui dont la béatitude faisait
le plus de tapage, lui demande s'il souffre
beaucoup et ce qu'il faudrait faire pour le
soulager. Un des assistants, *un homme pratique*, propose de la limonade et des acides.
Mais le malade, l'extase dans les yeux, les regarde tous deux avec un indicible mépris.
Vouloir guérir un homme malade de trop de
vie, malade de joie !

Comme on le voit par cette anecdote, la
bienveillance tient une assez grande place
dans les sensations causées par le haschisch;
une bienveillance molle, paresseuse, muette,
et dérivant de l'attendrissement des nerfs. A
l'appui de cette observation, une personne
m'a raconté une aventure qui lui était arrivée
dans cet état d'ivresse, et comme elle avait
gardé un souvenir très-exact de ses sensations, je compris parfaitement dans quel embarras grotesque, inextricable, l'avait jetée

cette différence de diapason et de niveau dont
je parlais tout à l'heure. Je ne me rappelle
pas si l'homme en question en était à sa première ou à sa seconde expérience. Avait-il
pris une dose un peu trop forte, ou le haschisch avait-il produit, sans l'aide d'aucune
autre cause apparente (ce qui arrive fréquemment), des effets beaucoup plus vigoureux? Il
me raconta qu'à travers sa jouissance, cette
jouissance suprême de se sentir plein de vie
et de se croire plein de génie, il avait tout
d'un coup rencontré un objet de terreur. D'a-
bord ébloui par la beauté de ses sensations, il
en avait été subitement épouvanté. Il s'était
demandé ce que deviendraient son intelligence et ses organes, si cet état, qu'il prenait
pour un état surnaturel, allait toujours s'ag-
gravant, si ses nerfs devenaient toujours de
plus en plus délicats. Par la faculté de gros-
sissement que possède l'œil spirituel du patient, cette peur doit être un supplice ineffa-
ble. « J'étais, disait-il, comme un cheval

emporté et courant vers un abîme, voulant
s'arrêter, mais ne le pouvant pas. En effet,
c'était un galop effroyable; et ma pensée, esclave de la circonstance, du milieu, de l'accident et de tout ce qui peut être impliqué dans
le mot *hasard*, avait pris un tour purement et
absolument rapsodique. Il est trop tard! me
répétais-je sans cesse avec désespoir. Quand
cessa ce mode de sentir, qui me parut durer
un temps infini et qui n'occupa peut-être que
quelques minutes, quand je crus pouvoir enfin me plonger dans la béatitude, si chère aux
Orientaux, qui succède à cette phase furi-
bonde, je fus accablé d'un nouveau *malheur*.
Une nouvelle inquiétude, bien triviale et bien
puérile, s'abattit sur moi. Je me souvins tout
d'un coup que j'étais invité à un dîner, à une
soirée d'hommes sérieux. Je me vis à l'avance
au milieu d'une foule sage et discrète, où chacun est maître de soi-même, obligé de cacher
soigneusement l'état de mon esprit, sous l'é-
clat des lampes nombreuses. Je croyais bien

que j'y réussirais, mais aussi je me sentais presque défaillir en pensant aux efforts de volonté qu'il me faudrait déployer. Par je ne sais quel accident les paroles de l'Evangile : « Malheur à celui par qui le scandale arrive! » venaient de surgir dans ma mémoire, et tout en voulant les oublier, en m'appliquant à les oublier, je les répétais sans cesse dans mon esprit. Mon malheur (car c'était un véritable malheur) prit alors des proportions grandioses. Je résolus, malgré ma faiblesse, de faire acte d'énergie et de consulter un pharmacien; car j'ignorais les réactifs, et je voulais aller, l'esprit libre et dégagé, dans le monde où m'appelait mon devoir. Mais sur le seuil de la boutique une pensée soudaine me prit, qui m'arrêta quelques instants et me donna à réfléchir. Je venais de me regarder, en passant, dans la glace d'une devanture, et mon visage m'avait étonné. Cette pâleur, ces lèvres rentrées, ces yeux agrandis! Je vais inquiéter ce brave homme, me dis-je, et pour quelle niaiserie ! Ajoutez à cela le sentiment du ridicule que je voulais éviter, la crainte de trouver du monde dans la boutique. Mais ma bienveillance soudaine pour cet apothicaire inconnu dominait tous mes autres sentiments. Je me figurais cet homme aussi sensible que je l'étais moi-même en cet instant funeste, et, comme je m'imaginais aussi que son oreille et son âme devaient, comme les miennes, vibrer au moindre bruit, je résolus d'entrer chez lui sur la pointe du pied. Je ne saurais, me disais-je, montrer trop de discrétion chez un homme dont je vais alarmer la charité. Et puis je me promettais d'éteindre le son de ma voix comme le bruit de mes pas; vous la connaissez, cette voix du haschisch? grave, profonde, gutturale, et ressemblant beaucoup à celle des vieux mangeurs d'opium. Le résultat fut le contraire de ce je voulais obtenir. Décidé à rassurer le pharmacien, je l'épouvantai. Il ne connaissait rien de cette *maladie*, n'en avait jamais entendu parler. Ce-

pendant il me regardait avec une curiosité
fortement mêlée de défiance. Me prenait-il
pour un fou, un malfaiteur ou un mendiant?
Ni ceci, ni cela, sans doute; mais toutes ces
idées absurdes traversèrent mon cerveau. Je
fus obligé de lui expliquer longuement (quelle
fatigue!) ce que c'était que la confiture de
chanvre et à quel usage cela servait, lui répé-
tant sans cesse qu'il n'y avait pas de danger,
qu'il n'y avait pas, *pour lui,* de raison de s'a-
larmer, et que je ne demandais qu'un moyen
d'adoucissement ou de réaction, insistant
fréquemment sur le chagrin sincère que j'é-
prouvais de lui causer de l'ennui. Enfin, —
comprenez bien toute l'humiliation contenue
pour moi dans ces paroles, — il me pria simplement *de me retirer.* Telle fut la récompense
de ma charité et de ma bienveillance exagé-
rées. J'allai à ma soirée; je ne scandalisai personne. Nul ne devina les efforts surhumains
qu'il me fallut faire pour ressembler à tout le
monde. Mais je n'oublierai jamais les tortures

d'une ivresse ultrà-poétique, gênée par le dé-
corum et contrariée par un devoir ! »

Quoique naturellement porté à sympathi-
ser avec toutes les douleurs qui naissent de
l'imagination, je ne pus m'empêcher de rire
de ce récit. L'homme qui me le faisait n'est
pas corrigé. Il a continué à demander à la
confiture maudite l'excitation qu'il faut trouver en soi-même ; mais comme c'est un homme
prudent, rangé, *un homme du monde*, il a diminué les doses, ce qui lui a permis d'en augmenter la fréquence. Il appréciera plus tard
les fruits pourris de son hygiène.

Je reviens au développement régulier de
l'ivresse. Après cette première phase de gaieté
enfantine, il y a comme un apaisement momentané. Mais de nouveaux événements s'an-
noncent bientôt par une sensation de fraîcheur aux extrémités (qui peut même devenir
un froid très-intense chez quelques individus)
et une grande faiblesse dans tous les membres ; vous avez alors des mains de beurre,

et dans votre tête, dans tout votre être, vous
sentez une stupeur et une stupéfaction em-
barrassantes. Vos yeux s'agrandissent ; ils
sont comme tirés dans tous les sens par
une extase implacable. Votre face s'inonde
de pâleur. Les lèvres se rétrécissent et vont
rentrant dans la bouche, avec ce mouvement
d'anhélation qui caractérise l'ambition d'un
homme en proie à de grands projets, oppressé par de vastes pensées, ou rassem-
blant sa respiration pour prendre son élan.
La gorge se ferme, pour ainsi dire. Le palais
est desséché par une soif qu'il serait infiniment doux de satisfaire, si les délices de la
paresse n'étaient pas plus agréables et ne s'op-
posaient pas au moindre dérangement du
corps. Des soupirs rauques et profonds s'é-
chappent de votre poitrine, comme si votre
ancien corps ne pouvait pas supporter les désirs et l'activité de votre âme. *nouvelle*. De
temps à autre, une secousse vous traverse et
vous commande un mouvement involontaire,

comme ces soubresauts qui, à la fin d'une
journée de travail ou dans une nuit orageuse,
précèdent le sommeil définitif.

Avant d'aller plus loin, je veux, à propos
de cette sensation de fraîcheur dont je parlais
plus haut, raconter encore une anecdote qui
servira à montrer jusqu'à quel point les effets,
même purement physiques, peuvent varier
suivant les individus. Cette fois, c'est un littérateur qui parle, et en quelques passages de
son récit on pourra, je crois, trouver les in-
dices d'un tempérament littéraire.

« J'avais, me dit celui-ci, pris une dose modérée d'extrait gras, et tout allait pour le
mieux. La crise de gaieté maladive avait duré
peu de temps, et je me trouvais dans un état
de langueur et d'étonnement qui était presque
du bonheur. Je me promettais donc une soirée tranquille et sans soucis. Malheureusement le hasard me contraignit à accompagner
quelqu'un au spectacle. Je pris mon parti en
brave, résolu à déguiser mon immense désir

de paresse et d'immobilité. Toutes les voitures de mon quartier se trouvant retenues, il fallut me résigner à faire un long trajet à pied, à traverser les bruits discordants des voitures, les conversations stupides des passants, tout un océan de trivialités. Une légère fraîcheur s'était déjà manifestée au bout de mes doigts ; bientôt elle se transforma en un froid très-vif, comme si j'avais les deux mains plongées dans un seau d'eau glacée. Mais ce n'était pas une souffrance ; cette sensation presque aiguë me pénétrait plutôt comme une volupté. Cependant il me semblait que ce froid m'envahissait de plus en plus, au fur et à mesure de cet interminable voyage. Je demandai deux ou trois fois à la personne que j'accompagnais s'il faisait réellement très-froid ; il me fut répondu qu'au contraire la température était plus que tiède. Installé enfin dans la salle, enfermé dans la boîte qui m'était destinée, avec trois ou quatre heures de repos devant moi, je me crus arrivé à la terre

promise. Les sentiments que j'avais refoulés
pendant la route, avec toute la pauvre énergie dont je pouvais disposer, firent donc ir-
ruption, et je m'abandonnai librement à ma
muette frénésie. Le froid augmentait toujours, et cependant je voyais des gens légèrement vêtus, ou même s'essuyant le front avec
un air de fatigue. Cette idée réjouissante me
prit, que j'étais un homme privilégié, à qui
seul était accordé le droit d'avoir froid en été
dans une salle de spectacle. Ce froid s'accrois-
sait au point de devenir alarmant; mais j'é-
tais avant tout dominé par la curiosité de savoir jusqu'à quel degré il pourrait descendre.
Enfin il vint à un tel point, il fut si complet,
si général, que toutes mes idées se congelè-
rent, pour ainsi dire; j'étais un morceau de
glace pensant; je me considérais comme une
statue taillée dans un seul bloc de glace; et
cette folle hallucination me causait une fierté,
excitait en moi un bien-être moral que je ne
saurais vous définir. Ce qui ajoutait à mon

abominable jouissance était la certitude que
tous les assistants ignoraient ma nature et
quelle supériorité j'avais sur eux; et puis le
bonheur de penser que mon camarade ne s'é-
tait pas douté un seul instant de quelles bizarres sensations j'étais possédé! Je tenais la
récompense de ma dissimulation, et ma volupté exceptionnelle était un vrai secret.

» Du reste, j'étais à peine entré dans ma
loge que mes yeux avaient été frappés d'une
impression de ténèbres qui me paraît avoir
quelque parenté avec l'idée de froid. Il se
peut bien que ces deux idées se soient prêté
réciproquement de la force. Vous savez que le
haschisch invoque toujours des magnificences
de lumière, des splendeurs glorieuses, des
cascades d'or liquide; toute lumière lui est
bonne, celle qui ruisselle en nappe et celle qui
s'accroche comme du paillon aux pointes et
aux aspérités, les candélabres des salons, les
cierges du mois de Marie, les avalanches de
rose dans les couchers de soleils. Il paraît que

ce misérable lustre répandait une lumière
bien insuffisante pour cette soif insatiable de
clarté; je crus entrer, comme je vous l'ai dit,
dans un monde de ténèbres, qui d'ailleurs
s'épaissirent graduellement, pendant que je
rêvais nuit polaire et hiver éternel. Quant à
la scène (c'était une scène consacrée au genre
comique), elle seule était lumineuse, infiniment petite et située loin, très-loin, comme
au bout d'un immense stéréoscope. Je ne vous
dirai pas que j'écoutais les comédiens, vous
savez que cela est impossible; de temps en
temps ma pensée accrochait au passage un
lambeau de phrase, et, semblable à une dan-
seuse habile, elle s'en servait comme d'un
tremplin pour bondir dans des rêveries très-
lointaines. On pourrait supposer qu'un drame,
entendu de cette façon, manque de logique
et d'enchaînement; détrompez-vous; je dé-
couvrais un sens très-subtil dans le drame
créé par ma distraction. Rien ne m'en choquait, et je ressemblais un peu à ce poète qui,

voyant jouer *Esther* pour la première fois, trouvait tout naturel qu'Aman fît une déclaration d'amour à la reine. C'était, comme on le devine, l'instant où celui-ci se jette aux pieds d'Esther pour implorer le pardon de ses crimes. Si tous les drames étaient entendus selon cette méthode, ils y gagneraient de grandes beautés, même ceux de Racine.

» Les comédiens me semblaient excessivement petits et cernés d'un contour précis et soigné, comme les figures de Meissonnier. Je voyais distinctement, non-seulement les détails les plus minutieux de leurs ajustements, comme dessins d'étoffe, coutures, boutons, etc., mais encore la ligne de séparation du faux front d'avec le véritable, le blanc, le bleu et le rouge, et tous les moyens de grimage. Et ces lilliputiens étaient revêtus d'une clarté froide et magique, comme celle qu'une vitre très-nette ajoute à une peinture à l'huile. Lorsque je pus enfin sortir de ce caveau de ténèbres glacées, et que, la fantas-

3

magorie intérieure se dissipant, je fus rendu
à moi-même, j'éprouvai une lassitude plus
grande que ne m'en a jamais causé un travail
tendu et forcé. »

C'est en effet à cette période de l'ivresse
que se manifeste une finesse nouvelle, une
acuité supérieure dans tous les sens. L'odo-
rat, la vue, l'ouïe, le toucher participent
également à ce progrès. Les yeux visent l'infini. L'oreille perçoit des sons presque insai-
sissables au milieu du plus vaste tumulte.
C'est alors que commencent les hallucinations. Les objets extérieurs prennent lentement, successivement, des apparences singulières ; ils se déforment et se transforment.
Puis, arrivent les équivoques, les méprises et
les transpositions d'idées. Les sons se revêtent
de couleurs, et les couleurs contiennent une
musique. Cela, dira-t-on, n'a rien que de fort
naturel, et tout cerveau poétique, dans son
état sain et normal, conçoit facilement ces
analogies. Mais j'ai déjà averti le lecteur qu'il

n'y avait rien de positivement surnaturel dans l'ivresse du haschisch ; seulement, ces analogies revêtent alors une vivacité inaccoutumée ; elles pénètrent, elles envahissent, elles accablent l'esprit de leur caractère despotique. Les notes musicales deviennent des nombres, et si votre esprit est doué de quelque aptitude mathématique, la mélodie, l'harmonie écoutée, tout en gardant son caractère voluptueux et sensuel, se transforme en une vaste opération arithmétique, où les nombres engendrent les nombres, et dont vous suivez les phases et la génération avec une facilité inexplicable et une agilité égale à celle de l'exécutant.

Il arrive quelquefois que la personnalité disparaît et que l'objectivité, qui est le propre des poètes panthéistes, se développe en vous si anormalement, que la contemplation des objets extérieurs vous fait oublier votre propre existence, et que vous vous confondez bientôt avec eux. Votre œil se fixe sur un arbre harmonieux courbé par le vent; dans quelques secondes, ce qui ne serait dans le cerveau d'un poète qu'une comparaison fort naturelle deviendra dans le vôtre une réalité. Vous prêtez d'abord à l'arbre vos passions, votre désir ou votre mélancolie; ses gémissements et ses oscillations deviennent les vôtres, et bientôt vous êtes l'arbre. De même, l'oiseau qui plane au fond de l'azur *représente* d'abord l'immortelle envie de planer au-dessus des choses humaines; mais déjà vous êtes l'oiseau lui-même. Je vous suppose assis et fumant. Votre attention se reposera un peu trop longtemps sur les nuages bleuâtres qui s'exhalent de votre pipe. L'idée d'une évaporation, lente, successive, éternelle, s'emparera de votre esprit, et vous appliquerez bientôt cette idée à vos propres pensées, à votre matière pensante. Par une équivoque singulière, par une espèce de transposition ou de quiproquo intellectuel, vous vous sentirez vous évaporant, et vous attribuerez à votre pipe (dans laquelle vous

vous sentez accroupi et ramassé comme le tabac) l'étrange faculté de *vous fumer*.

Par bonheur, cette interminable imagination n'a duré qu'une minute, car un intervalle de lucidité, avec un grand effort, vous
a permis d'examiner à la pendule. Mais un
autre courant d'idées vous emporte; il vous
roulera une minute encore dans son tourbillon vivant, et cette autre minute sera une
autre éternité. Car les proportions du temps
et de l'être sont complétement dérangées par
la multitude et l'intensité des sensations et
des idées. On dirait qu'on vit plusieurs vies
d'homme en l'espace d'une heure. N'êtes-
vous pas alors semblable à un roman fantastique qui serait vivant au lieu d'être écrit? Il
n'y a plus équation entre les organes et les
jouissances; et c'est surtout de cette considé-
ration que surgit le blâme applicable à ce
dangereux exercice où la liberté disparaît.

Quand je parle d'hallucinations, il ne faut
pas prendre le mot dans son sens le plus strict.

Une nuance très-importante distingue l'hallucination pure, telle que les médecins ont
souvent occasion de l'étudier, de l'hallucination ou plutôt de la méprise des sens dans l'état
mental occasionné par le haschisch. Dans le
premier cas, l'hallucination est soudaine, parfaite et fatale; de plus, elle ne trouve pas de
prétexte ni d'excuse dans le monde des objets
extérieurs. Le malade voit une forme, entend
des sons où il n'y en a pas. Dans le second
cas, l'hallucination est progressive, presque
volontaire, et elle ne devient parfaite, elle ne
se mûrit que par l'action de l'imagination.
Enfin elle a un prétexte. Le son parlera, dira
des choses distinctes, mais il y avait un son.
L'œil ivre de l'homme pris de haschisch verra
des formes étranges; mais, avant d'être étranges ou monstrueuses, ces formes étaient simples et naturelles. L'énergie, la vivacité vraiment parlante de l'hallucination dans l'ivresse
n'infirme en rien cette différence originelle.
Celle-là a une racine dans le milieu ambiant

et dans le temps présent, celle-ci n'en a pas.

Pour mieux faire comprendre ce bouillon-
nement d'imagination, cette maturation du
rêve et cet enfantement poétique auquel est
condamné un cerveau intoxiqué par le haschisch, je raconterai encore une anecdote.
Cette fois, ce n'est pas un jeune homme oisif
qui parle, ce n'est pas non plus un homme de
lettres ; c'est une femme, une femme un peu
mûre, curieuse, d'un esprit excitable, et qui,
ayant cédé à l'envie de faire connaissance
avec le poison, décrit ainsi, pour une autre
dame, la principale de ses visions. Je trans-
cris littéralement :

« Quelque bizarres et nouvelles que soient
les sensations que j'ai tirées de ma folie de
douze heures (douze ou vingt? en vérité, je
n'en sais rien), je n'y reviendrai plus. L'excitation spirituelle est trop vive, la fatigue
qui en résulte trop grande ; et, pour tout dire,
je trouve dans cet enfantillage quelque chose
de criminel. Enfin je cédai à la curiosité ; et

puis c'était une folie en commun, chez de vieux amis, où je ne voyais pas grand mal à manquer un peu de dignité. Avant tout je dois vous dire que ce maudit haschisch est une substance bien perfide ; on se croit quelquefois débarrassé de l'ivresse, mais ce n'est qu'un calme menteur. Il y a des repos, et puis des reprises. Ainsi, vers dix heures du soir, je me trouvai dans un de ces états momentanés ; je me croyais délivrée de cette surabondance de vie qui m'avait causé tant de jouissances, il est vrai, mais qui n'était pas sans inquiétude et sans peur. Je me mis à souper avec plaisir, comme harassée par un long voyage. Car jusqu'alors, par prudence, je m'étais abstenue de manger. Mais, avant même de me lever de table, mon délire m'avait rattrapée, comme un chat une souris, et le poison se mit de nouveau à jouer avec ma pauvre cervelle. Bien que ma maison soit à peu de distance du château de nos amis, et qu'il y eût une voiture à mon service, je me sentis tellement

accablée du besoin de rêver et de m'abandon-
ner à cette irrésistible folie, que j'acceptai
avec joie l'offre qu'ils me firent de me garder
jusqu'au lendemain. Vous connaissez le château ; vous savez que l'on a arrangé, habillé
et *réconforté* à la moderne toute la partie ha-
bitée par les maîtres du lieu, mais que la partie généralement inhabitée a été laissée telle
quelle, avec son vieux style et ses vieilles dé-
corations. Il fut résolu qu'on improviserait
pour moi une chambre à coucher dans cette
partie du château, et l'on choisit à cet effet la
chambre la plus petite, une espèce de boudoir
un peu fané et décrépit, qui n'en est pas
moins charmant. Il faut que je vous le dé-
crive tant bien que mal, pour que vous com-
preniez la singulière vision dont j'ai été la
victime, vision qui m'a occupée une nuit entière, sans que j'aie eu le loisir de m'aperce-
voir de la fuite des heures.

» Ce boudoir est très-petit, très-étroit. A la
hauteur de la corniche le plafond s'arrondit

en voûte; les murs sont recouverts de glaces
étroites et allongées, séparées par des panneaux où sont peints des paysages dans le style
lâché des décors. A la hauteur de la corniche,
sur les quatre murs, sont représentées di-
verses figures allégoriques, les unes dans des
attitudes reposées, les autres courant ou vol-
tigeant. Au-dessus d'elles, quelques oiseaux
brillants et des fleurs. Derrière les figures
s'élève un treillage peint en trompe-l'œil, et
suivant naturellement la courbe du plafond.
Ce plafond est doré. Tous les interstices entre
les baguettes et les figures sont donc recouverts d'or, et au centre l'or n'est interrompu
que par le lacis géométrique du treillage si-
mulé. Vous voyez que cela ressemble un peu
à une *cage* très-distinguée, à une très-belle
cage pour un très-grand oiseau. Je dois ajouter que la nuit était très-belle, très-transpa-
rente, la lune très-vive, à ce point que, même
après que j'eus éteint la bougie, toute cette
décoration resta visible, non illuminée par

l'œil de mon esprit, comme vous pourriez le croire, mais éclairée par cette belle nuit, dont les lueurs s'accrochaient à toute cette broderie d'or, de miroirs et de couleurs bariolées.

« » Je fus d'abord très-étonnée de voir de grands espaces s'étendre devant moi, à côté de moi, de tous côtés; c'étaient des rivières limpides et des paysages verdoyants se mirant dans des eaux tranquilles. Vous devinez ici l'effet des panneaux répercutés par les miroirs. En levant les yeux, je vis un soleil couchant semblable à du métal en fusion qui se refroidit. C'était l'or du plafond; mais le treillage me donna à penser que j'étais dans une espèce de cage ou de maison ouverte de tous côtés sur l'espace, et que je n'étais séparée de toutes ces merveilles que par les barreaux de ma magnifique prison. Je riais d'abord de mon illusion; mais plus je regardais, plus la magie augmentait, plus elle prenait de vie, de transparence et de despotique réalité. Dès lors l'idée de claustration domina mon esprit,

sans trop nuire, je dois le dire, aux plaisirs
variés que je tirais du spectacle tendu autour et au-dessus de moi. Je me considérais
comme enfermée pour longtemps, pour des
milliers d'années peut-être, dans cette cage
somptueuse, au milieu de ces paysages féeri-
ques, entre ces horizons merveilleux. Je rêvai
de *Belle aux bois dormant*, d'expiation à subir,
de future délivrance. Au-dessus de ma tête
voltigeaient des oiseaux brillants des tropiques, et, comme mon oreille percevait le son
des clochettes au cou des chevaux qui chemi-
naient au loin sur la grande route, les deux
sens fondant leurs impressions en une idée
unique, j'attribuais aux oiseaux ce chant mystérieux du cuivre, et je croyais qu'ils chan-
taient avec un gosier de métal. Evidemment
ils causaient de moi et ils célébraient ma cap-
tivité. Des singes gambadants, des satyres
bouffons semblaient s'amuser de cette prison-
nière étendue, condamnée à l'immobilité.
Mais toutes les divinités mythologiques me

regardaient avec un charmant sourire, comme
pour m'encourager à supporter patiemment
le sortilége, et toutes les prunelles glissaient
dans le coin des paupières comme pour s'at-
tacher à mon regard. J'en conclus que si des
fautes anciennes, si quelques péchés inconnus à moi-même, avaient nécessité ce châtiment temporaire, je pouvais compter cependant sur une bonté supérieure, qui, tout en
me condamnant à la prudence, m'offrirait
des plaisirs plus graves que les plaisirs de
poupée qui remplissent notre jeunesse. Vous
voyez que les considérations morales n'étaient
pas absentes de mon rêve; mais je dois avouer
que le plaisir de contempler ces formes et ces
couleurs brillantes, et de me croire le centre
d'un drame fantastique, absorbait fréquemment toutes mes autres pensées. Cet état dura
longtemps, fort longtemps..... Dura-t-il jusqu'au matin? je l'ignore. Je vis tout d'un coup
le soleil matinal installé dans ma chambre;
j'éprouvai un vif étonnement, et malgré tous

les efforts de mémoire que j'ai pu faire, il m'a été impossible de savoir si j'avais dormi ou si j'avais subi patiemment une insomnie délicieuse. Tout à l'heure, c'était la nuit, et maintenant le jour ! Et cependant j'avais vécu longtemps, oh ! très-longtemps..... La notion du temps ou plutôt la mesure du temps étant abolie, la nuit entière n'était mesurable pour moi que par la multitude de mes pensées. Si longue qu'elle dût me paraître à ce point de vue, il me semblait toutefois qu'elle n'avait duré que quelques secondes, ou même qu'elle n'avait pas pris place dans l'éternité.

» Je ne vous parle pas de ma fatigue....., elle fut immense. On dit que l'enthousiasme des poètes et des créateurs ressemble à ce que j'ai éprouvé, bien que je me sois toujours figuré que les gens chargés de nous émouvoir dussent être doués d'un tempérament très-calme ; mais si le délire poétique ressemble à celui que m'a procuré une petite cuillerée de confiture, je pense que les plaisirs du public coûtent bien cher aux poètes, et ce n'est pas sans un certain bien-être, une satisfaction prosaïque, que je me suis enfin sentie *chez moi*, dans mon *chez moi* intellectuel, je veux dire dans la vie réelle. »

Voilà une femme évidemment raisonnable; mais nous ne nous servirons de son récit que pour en tirer quelques notes utiles qui compléteront cette description très-sommaire des principales sensations engendrées par le haschisch.

Elle a parlé du souper comme d'un plaisir arrivant fort à propos, au moment où une embellie momentanée, mais qui semblait définitive, lui permettait de rentrer dans la vie réelle. En effet, il y a, comme je l'ai dit, des intermittences et des calmes trompeurs, et souvent le haschisch détermine une faim vorace, presque toujours une soif excessive. Seulement le dîner ou le souper, au lieu d'amener un repos définitif, crée ce redoublement nouveau, cette crise vertigineuse dont

se plaignait cette dame, et qui a été suivie par
une série de visions enchanteresses, légèrement teintées de frayeur, auxquelles elle s'é-
tait positivement et de fort bonne grâce rési-
gnée. La faim et la soif tyranniques dont il
est question ne trouvent pas à s'assouvir sans
un certain labeur. Car l'homme se sent tellement au-dessus des choses matérielles, ou
plutôt il est tellement accablé par son ivresse,
qu'il lui faut développer un long courage pour
remuer une bouteille ou une fourchette.

La crise définitive déterminée par la digestion des aliments est en effet très-violente; il
est impossible de lutter; et un pareil état ne
serait pas supportable s'il durait trop longtemps et s'il ne faisait bientôt place à une
autre phase de l'ivresse, qui, dans le cas pré-
cité, s'est traduite par des visions splendides
doucement terrifiantes et en même temps
pleines de consolations. Cet état nouveau est
ce que les Orientaux appellent le *kief*. Ce n'est
plus quelque chose de tourbillonnant et de

tumultueux, c'est une béatitude calme et immobile, une résignation glorieuse. Depuis
longtemps vous n'êtes plus votre maître, mais
vous ne vous en affligez plus. La douleur et
l'idée du temps ont disparu, ou si quelquefois
elles osent se produire, ce n'est que transfi-
gurées par la sensation dominante, et elles
sont alors relativement à leur forme habi-
tuelle ce que la mélancolie poétique est à la
douleur positive.

Mais, avant tout, remarquons que dans le
récit de cette dame (c'est dans ce but que je l'ai
transcrit), l'hallucination est d'un genre bâ-
tard, et tire sa raison d'être du spectacle extérieur; l'esprit n'est qu'un miroir où le milieu
environnant se réflète transformé d'une manière outrée. Ensuite, nous voyons intervenir
ce que j'appellerais volontiers l'hallucination
morale : le sujet se croit soumis à une expiation; mais le tempérament féminin, qui est
peu propre à l'analyse, ne lui a pas permis de
noter le singulier caractère optimiste de ladite

hallucination. Le regard bienveillant des divinités de l'Olympe est poétisé par un vernis essentiellement *haschischin*. Je ne dirai pas que cette dame a côtoyé le remords; mais ses pensées, momentanément tournées à la mélancolie et au regret, ont été rapidement colorées d'espérance. C'est une remarque que nous aurons encore occasion de vérifier.

Elle a parlé de la fatigue du lendemain; en effet, cette fatigue est grande, mais elle ne se manifeste pas immédiatement, et, quand vous êtes obligé de la reconnaître, ce n'est pas sans étonnement. Car d'abord, quand vous avez bien constaté qu'un nouveau jour s'est levé sur l'horizon de votre vie, vous éprouvez un bien-être étonnant; vous croyez jouir d'une légèreté d'esprit merveilleuse. Mais vous êtes à peine debout, qu'un vieux reste d'ivresse vous suit et vous retarde, comme le boulet de votre récente servitude. Vos jambes faibles ne vous conduisent qu'avec timidité, et vous craignez à chaque instant de vous casser

comme un objet fragile. Une grande langueur
(il y a des gens qui prétendent qu'elle ne
manque pas de charme) s'empare de votre
esprit et se répand à travers vos facultés,
comme un brouillard dans un paysage. Vous
voilà, pour quelques heures encore, incapable de travail, d'action et d'énergie. C'est
la punition de la prodigalité impie avec laquelle vous avez dépensé le fluide nerveux.
Vous avez disséminé votre personnalité aux
quatre vents du ciel, et, maintenant, quelle
peine n'éprouvez pas à la rassembler et à la
concentrer!

IV

L'HOMME-DIEU

Il est temps de laisser de côté toute cette jonglerie et ces grandes marionnettes, nées de la fumée des cerveaux enfantins. N'avons-nous pas à parler de choses plus graves : des modifications des sentiments humains et, en un mot, de la *morale* du haschisch?

Jusqu'à présent, je n'ai fait qu'une monographie abrégée de l'ivresse; je me suis borné à en accentuer les principaux traits, surtout les traits matériels. Mais, ce qui est plus important, je crois, pour l'homme spirituel, c'est de connaître l'action du poison sur la partie

spirituelle de l'homme, c'est-à-dire le gros-
sissement, la déformation et l'exagération de
ses sentiments habituels et de ses perceptions
morales, qui présentent alors, dans une atmosphère exceptionnelle, un véritable phénomène de réfraction.

L'homme qui, s'étant livré longtemps à
l'opium ou au haschisch, a pu trouver, affai-
bli comme il l'était par l'habitude de son ser-
vage, l'énergie nécessaire pour se délivrer,
m'apparaît comme un prisonnier évadé. Il
m'inspire plus d'admiration que l'homme
prudent qui n'a jamais failli, ayant toujours
eu soin d'éviter la tentation. Les Anglais se
servent fréquemment, à propos des mangeurs
d'opium, de termes qui ne peuvent paraître
excessifs qu'aux innocents à qui sont inconnues les horreurs de cette déchéance : *enchai-
ned, fettered, enslaved !* Chaînes, en effet, auprès desquelles toutes les autres, chaînes du
devoir, chaînes de l'amour illégitime, ne sont
que des trames de gaze et des tissus d'arai-

gnée! Epouvantable mariage de l'homme avec lui-même ! « J'étais devenu un esclave de l'opium ; il me tenait dans ses liens, et tous mes travaux et mes plans avaient pris la couleur de mes rêves, » dit l'époux de Ligeia; mais, en combien de merveilleux passages Edgar Poe, ce poète incomparable, ce philosophe non réfuté, qu'il faut toujours citer à propos des maladies mystérieuses de l'esprit, ne décrit-il pas les sombres et attachantes splendeurs de l'opium ? L'amant de la lumineuse Bérénice, Egœus le métaphysicien, parle d'une altération de ses facultés, qui le contraint à donner une valeur anormale, monstrueuse, aux phénomènes les plus simples : « Réfléchir infatigablement de longues heures, l'attention rivée à quelque citation puérile sur la marge ou dans le texte d'un livre, — rester absorbé, la plus grande partie d'une journée d'été, dans une ombre bizarre s'allongeant obliquement sur la tapisserie ou sur le plancher, — m'oublier une nuit entière à sur-

veiller la flamme droite d'une lampe ou les
braises du foyer, — rêver des jours entiers
sur le parfum d'une fleur, — répéter d'une
manière monotone quelque mot vulgaire,
jusqu'à ce que le son, à force d'être répété,
cessât de présenter à l'esprit une idée quelconque, — telles étaient quelques-unes des
plus communes et des moins pernicieuses
aberrations de mes facultés mentales, aberrations qui, sans doute, ne sont pas absolument
sans exemple, mais qui défient certainement
toute explication et toute analyse. » Et le
nerveux Auguste Bedloe qui chaque matin,
avant sa promenade, avale sa dose d'opium,
nous avoue que le principal bénéfice qu'il tire
de cet empoisonnement quotidien, est de
prendre à toute chose, même à la plus triviale, un intérêt exagéré : « Cependant, l'o-
pium avait produit son effet accoutumé, qui
est de revêtir tout le monde extérieur d'une
intensité d'intérêt. Dans le tremblement d'une
feuille, — dans la couleur d'un brin d'herbe,

— dans la forme d'un trèfle, — dans le bour-
donnement d'une abeille, — dans l'éclat d'une
goutte de rosée, — dans le soupir du vent, —
dans les vagues odeurs échappées de la forêt, — se produisait tout un monde d'inspira-
tions, une procession magnifique et bigarrée
de pensées désordonnées et rapsodiques. »

Ainsi s'exprime, par la bouche de ses per-
sonnages, le maître de l'horrible, le prince du
mystère. Ces deux caractéristiques de l'opium
sont parfaitement applicables au haschisch;
dans l'un comme dans l'autre cas, l'intelligence, libre naguère, devient esclave; mais
le mot *rapsodique*, qui définit si bien un train
de pensées suggéré et commandé par le monde
extérieur et le hasard des circonstances, est
d'une vérité plus vraie et plus terrible dans le
cas du haschisch. Ici, le raisonnement n'est
plus qu'une épave à la merci de tous les cou-
rants, et le train de pensées est *infiniment plus*
accéléré et plus *rapsodique*. C'est dire, je crois,
d'une manière suffisamment claire, que le

4

haschisch est, dans son effet présent, beaucoup plus véhément que l'opium, beaucoup
plus ennemi de la vie régulière, en un mot,
beaucoup plus troublant. J'ignore si dix années d'intoxication par le haschisch amène-
ront des désastres égaux à ceux causés par dix
années de régime d'opium ; je dis que, pour
l'heure présente et pour le lendemain, le haschisch a des résultats plus funestes ; l'un est
un séducteur paisible, l'autre un démon dé-
sordonné.

Je veux, dans cette dernière partie, définir
et analyser le ravage moral causé par cette
dangereuse et délicieuse gymnastique, ravage
si grand, danger si profond, que ceux qui ne
reviennent du combat que légèrement ava-
riés, m'apparaissent comme des braves échap-
pés de la caverne d'un Protée multiforme, des
Orphées vainqueurs de l'Enfer. Qu'on prenne,
si l'on veut, cette forme de langage pour une
métaphore excessive, j'avouerai que les poi-
sons excitants me semblent non-seulement

un des plus terribles et des plus sûrs moyens dont dispose l'Esprit des Ténèbres pour enrôler et asservir la déplorable humanité, mais même une de ses incorporations les plus parfaites.

Cette fois, pour abréger ma tâche et rendre mon analyse plus claire, au lieu de rassembler des anecdotes éparses, j'accumulerai sur un seul personnage fictif une masse d'observations. J'ai donc besoin de supposer une âme de mon choix. Dans ses *Confessions*, De Quincey affirme avec raison que l'opium, au lieu d'endormir l'homme, l'excite, mais qu'il ne l'excite que dans sa voie naturelle, et qu'ainsi, pour juger les merveilles de l'opium, il serait absurde d'en référer à un marchand de bœufs; car celui-ci ne rêvera que bœufs et pâturages. Or, je n'ai pas à décrire les lourdes fantaisies d'un éleveur enivré de haschisch; qui les lirait avec plaisir? qui consentirait à les lire? Pour idéaliser mon sujet, je dois en concentrer tous les rayons dans un cercle unique, je dois les polariser ; et le cercle tragique où je les vais rassembler sera, comme je l'ai dit, une âme de mon choix, quelque chose d'analogue à ce que le XVIIIe siècle appelait l'*homme sensible,* à ce que l'école romantique nommait l'*homme incompris,* et à ce que les familles et la masse bourgeoise flétrissent généralement de l'épithète d'*original.*

Un tempérament moitié nerveux, moitié bilieux, tel est le plus favorable aux évolutions d'une pareille ivresse ; ajoutons un esprit cultivé, exercé aux études de la forme et de la couleur ; un cœur tendre, fatigué par le malheur, mais encore prêt au rajeunissement ; nous irons, si vous le voulez bien, jusqu'à admettre des fautes anciennes, et, ce qui doit en résulter dans une nature facilement excitable, sinon des remords positifs, au moins le regret du temps profané et mal rempli. Le goût de la métaphysique, la connaissance des différentes hypothèses de la philosophie sur la destinée humaine, ne sont certainement pas

des compléments inutiles, — non plus que cet
amour de la vertu, d'une vertu abstraite, stoï-
cienne ou mystique, qui est posé dans tous les
livres dont l'enfance moderne fait sa nourriture, comme le plus haut sommet où une
âme distinguée puisse monter. Si l'on ajoute
à tout cela une grande finesse de sens que j'ai
omise comme condition surérogatoire, je crois
que j'ai rassemblé les éléments généraux les
plus communs de l'homme sensible moderne,
de ce que l'on pourrait appeler la *forme banale
de l'originalité*. Voyons maintenant ce que deviendra cette individualité poussée à outrance
par le haschisch. Suivons cette procession de
l'imagination humaine jusque sous son dernier et plus splendide reposoir, jusqu'à la
croyance de l'individu en sa propre divinité.

Si vous êtes une de ces âmes, votre amour
inné de la forme et de la couleur trouvera tout
d'abord une pâture immense dans les premiers développements de votre ivresse. Les
couleurs prendront une énergie inaccoutu-

mée et entreront dans le cerveau avec une
intensité victorieuse. Délicates, médiocres, ou
même mauvaises, les peintures des plafonds re-
vêtiront une vie effrayante ; les plus grossiers
papiers peints qui tapissent les murs des au-
berges se creuseront comme de splendides dio-
ramas. Les nymphes aux chairs éclatantes vous
regardent avec de grands yeux plus profonds
et plus limpides que le ciel et l'eau ; les person-
nages de l'antiquité, affublés de leurs costu-
mes sacerdotaux ou militaires, échangent avec
vous par le simple regard de solennelles confidences. La sinuosité des lignes est un langage définitivement clair où vous lisez l'agitation et le désir des âmes. Cependant se développe cet état mystérieux et temporaire de
l'esprit, où la profondeur de la vie, hérissée
de ses problèmes multiples, se révèle tout entière dans le spectacle, si naturel et si trivial
qu'il soit, qu'on a sous les yeux, — où le premier objet venu devient symbole parlant.
Fourier et Swedenborg, l'un avec ses *analo-*

logies, l'autre avec ses *correspondances*, se sont incarnés dans le végétal et l'animal qui tombent sous votre regard, et au lieu d'enseigner par la voix, ils vous endoctrinent par la forme et par la couleur. L'intelligence de l'allégorie prend en vous des proportions à vous-même inconnues; nous noterons en passant que l'allégorie, ce genre si *spirituel*, que les peintres maladroits nous ont accoutumés à mépriser, mais qui est vraiment l'une des formes primitives et les plus naturelles de la poésie, reprend sa domination légitime dans l'intelligence illuminée par l'ivresse. Le haschisch s'étend alors sur toute la vie comme un vernis magique; il la colore en solennité et en éclaire toute la profondeur. Paysages dentelés, horizons fuyants, perspectives de villes blanchies par la lividité cadavéreuse de l'orage, ou illuminées par les ardeurs concentrées des soleils couchants, — profondeur de l'espace, allégorie de la profondeur du temps, — la danse, le geste ou la déclamation des comédiens, si

vous vous êtes jeté dans un théâtre, — la première phrase venue, si vos yeux tombent sur
un livre, — tout enfin, l'universalité des êtres
se dresse devant vous avec une gloire nouvelle
non soupçonnée jusqu'alors. La grammaire,
l'aride grammaire elle-même, devient quelque chose comme une sorcellerie évocatoire;
les mots ressuscitent revêtus de chair et d'os,
le subtantif, dans sa majesté substantielle,
l'adjectif, vêtement transparent qui l'habille
et le colore comme un glacis, et le verbe,
ange du mouvement, qui donne le branle à
la phrase. La musique, autre langue chère aux
paresseux ou aux esprits profonds qui cher-
chent le délassement dans la variété du travail, vous parle de vous-même et vous raconte le poëme de votre vie; elle s'incorpore
à vous, et vous vous fondez en elle. Elle
parle votre passion, non pas d'une manière
vague et indéfinie, comme elle fait dans vos
soirées nonchalantes, un jour d'opéra, mais
d'une manière circonstanciée, positive, cha-

que mouvement du rhythme marquant un mouvement connu de votre âme, chaque note se transformant en mot, et le poëme entier entrant dans votre cerveau comme un dictionnaire doué de vie.

Il ne faut pas croire que tous ces phénomènes se produisent dans l'esprit pêle-mêle, avec l'accent criard de la réalité et le désordre de la vie extérieure. L'œil intérieur transforme tout et donne à chaque chose le complément de beauté qui lui manque pour qu'elle soit vraiment digne de plaire. C'est aussi à cette phase essentiellement voluptueuse et sensuelle qu'il faut rapporter l'amour des eaux limpides, courantes ou stagnantes, qui se développe si étonnamment dans l'ivresse cérebrale de quelques artistes. Les miroirs deviennent un prétexte à cette rêverie qui ressemble à une soif spirituelle, conjointe à la soif physique qui dessèche le gosier, et dont j'ai parlé précédemment; les eaux fuyantes, les *jeux* d'eau, les cascades

4.

harmonieuses, l'immensité bleue de la mer, roulent, chantent, dorment avec un charme inexprimable. L'eau s'étale comme une véritable enchanteresse, et, bien que je ne croie pas beaucoup aux folies furieuses causées par le haschisch, je n'affirmerais pas que la contemplation d'un gouffre limpide fût tout à fait sans danger pour un esprit amoureux de l'espace et du cristal, et que la vieille fable de l'Ondine ne pût devenir pour l'enthousiaste une tragique réalité.

Je crois avoir suffisamment parlé de l'accroissement monstrueux du temps et de l'espace, deux idées toujours connexes, mais que l'esprit affronte alors sans tristesse et sans peur. Il regarde avec un certain délice mélancolique à travers les années profondes, et s'enfonce audacieusement dans d'infinies perspectives. On a bien deviné, je présume, que cet accroissement anormal et tyrannique s'applique également à tous les sentiments et à toutes les idées : ainsi à la bienveillance; j'en ai

donné, je crois, un assez bel échantillon ; ainsi
à l'amour. L'idée de beauté doit naturellement
s'emparer d'une place vaste dans un tempérament spirituel tel que je l'ai supposé. L'harmonie, le balancement des lignes, l'euryth-
mie dans les mouvements, apparaissent au
rêveur comme des nécessités, comme des *devoirs,* non-seulement pour tous les êtres de la
création, mais pour lui-même, le rêveur, qui
se trouve, à cette période de la crise, doué
d'une merveilleuse aptitude pour comprendre
le rhythme immortel et universel. Et si notre
fanatique manque de beauté personnelle, ne
croyez pas qu'il souffre longtemps de l'aveu
auquel il est contraint, ni qu'il se regarde
comme une note discordante dans le monde
d'harmonie et de beauté improvisé par son
imagination. Les sophismes du haschisch sont
nombreux et admirables, tendant généralement à l'optimisme, et l'un des principaux, le
plus efficace, est celui qui transforme le désir
en réalité. Il en est de même sans doute dans

maint cas de la vie ordinaire, mais ici avec combien plus d'ardeur et de subtilité! D'ailleurs, comment un être si bien doué pour comprendre l'harmonie, une sorte de prêtre du Beau, pourrait-il faire une exception et une tache dans sa propre théorie? La beauté morale et sa puissance, la grâce et ses séductions, l'éloquence et ses prouesses, toutes ces idées se présentent bientôt comme des correctifs d'une laideur indiscrète, puis comme des consolateurs, enfin comme des adulateurs parfaits d'un sceptre imaginaire.

Quant à l'amour, j'ai entendu bien des personnes, animées d'une curiosité de lycéen, chercher à se renseigner auprès de celles à qui était familier l'usage du haschisch. Que peut être cette ivresse de l'amour, déjà si puissante à son état naturel, quand elle est enfermée dans l'autre ivresse, comme un soleil dans un soleil? Telle est la question qui se dressera dans une foule d'esprits que j'appellerai les badauds du monde intellectuel. Pour répon-

dre à un sous-entendu déshonnête, à cette
partie de la question qui n'ose pas se produire,
je renverrai le lecteur à Pline, qui a parlé
quelque part des propriétés du chanvre de façon à dissiper sur ce sujet bien des illusions.
On sait, en outre, que l'atonie est le résultat
le plus ordinaire de l'abus que les hommes
font de leurs nerfs et des substances propres
à les exciter. Or, comme il ne s'agit pas ici de
puissance effective, mais d'émotion ou de susceptibilité, je prierai simplement le lecteur
de considérer que l'imagination d'un homme
nerveux, enivré de haschisch, est poussée jusqu'à un degré prodigieux, aussi peu détermi-
nable que la force extrême possible du vent
dans un ouragan, et ses sens subtilisés à un
point presque aussi difficile à définir. Il est
donc permis de croire qu'une caresse légère,
la plus innocente de toutes, une poignée de
main, par exemple, peut avoir une valeur cen-
tuplée par l'état actuel de l'âme et des sens,
et les conduire peut-être, et très-rapidement,

jusqu'à cette syncope qui est considérée par
les vulgaires mortels comme le *summum* du
bonheur. Mais que le haschisch réveille, dans
une imagination souvent occupée des choses
de l'amour, des souvenirs tendres, auxquels
la douleur et le malheur donnent même un
lustre nouveau, cela est indubitable. Il n'est
pas moins certain qu'une forte dose de sensualité se mêle à ces agitations de l'esprit; et
d'ailleurs il n'est pas inutile de remarquer,
ce qui suffirait à constater sur ce point l'immoralité du haschisch, qu'une secte d'Ismaïlites (c'est des Ismaïlites que sont issus
les Assassins) égarait ses adorations bien au
delà de l'impartial Lingam, c'est-à-dire jusqu'au culte absolu et exclusif de la moitié
féminine du symbole. Il n'y aurait rien que
de naturel, chaque homme étant la représentation de l'histoire, de voir une hérésie
obscène, une religion monstrueuse se produire dans un esprit qui s'est lâchement
livré à la merci d'une drogue infernale, et

qui sourit à la dilapidation de ses propres facultés.

Puisque nous avons vu se manifester dans l'ivresse du haschisch une bienveillance singulière appliquée même aux inconnus, une espèce de philanthropie plutôt faite de pitié que d'amour (c'est ici que se montre le premier germe de l'esprit satanique qui se développera d'une manière extraordinaire), mais qui va jusqu'à la crainte d'affliger qui que ce soit, on devine ce que peut devenir la sentimentalité localisée, appliquée à une personne chérie, jouant ou ayant joué un rôle important dans la vie morale du malade. Le culte, l'adoration, la prière, les rêves de bonheur se projettent et s'élancent avec l'énergie ambitieuse et l'éclat d'un feu d'artifice; comme la poudre et les matières colorantes du feu, ils éblouissent et s'évanouissent dans les ténèbres. Il n'est sorte de combinaison sentimentale à laquelle ne puisse se prêter le souple amour d'un esclave du haschisch. Le goût de la protection, un sentiment de paternité ardente et dévouée peuvent se mêler à une sensualité coupable que le haschisch saura toujours excuser et absoudre. Il va plus loin encore. Je suppose des fautes commises ayant laissé dans l'âme des traces amères, un mari ou un amant ne contemplant qu'avec tristesse (dans son état normal) un passé nuancé d'orages ; ces amertumes peuvent alors se changer en douceurs ; le besoin de pardon rend l'imagination plus habile et plus suppliante, et le remords lui-même, dans ce drame diabolique qui ne s'exprime que par un long monologue, peut agir comme excitant et réchauffer puissamment l'enthousiasme du cœur. Oui, le remords ! Avais-je tort de dire que le haschisch apparaissait, à un esprit vraiment philosophique, comme un parfait instrument satanique ? Le remords, singulier ingrédient du plaisir, est bientôt noyé dans la délicieuse contemplation du remords, dans une espèce d'analyse voluptueuse ; et cette analyse est si rapide que l'homme, ce diable naturel, pour parler comme les Swedenborgiens, ne s'aperçoit pas combien elle est involontaire, et combien, de seconde en seconde, il se rapproche de la perfection diabolique. Il *admire* son remords et il se glorifie, pendant qu'il est en train de perdre sa liberté.

Voilà donc mon homme supposé, l'esprit de mon choix, arrivé à ce degré de joie et de sérénité où il est *contraint* de s'admirer lui-même. Toute contradiction s'efface, tous les problèmes philosophiques deviennent limpides, ou du moins paraissent tels. Tout est matière à jouissance. La plénitude de sa vie actuelle lui inspire un orgueil démesuré. Une voix parle en lui (hélas! c'est la sienne) qui lui dit : « Tu as maintenant le droit de te considérer comme supérieur à tous les hommes ; nul ne connaît et ne pourrait comprendre tout ce que tu penses et tout ce que tu sens ; ils seraient même incapables d'apprécier la bienveillance qu'ils t'inspirent. Tu es un roi que les pas-

sants méconnaissent, et qui vit dans la solitude de sa conviction; mais que t'importe? Ne
possèdes-tu pas ce mépris souverain qui rend
l'âme si bonne? »

Cependant nous pouvons supposer que de
temps à autre un souvenir mordant traverse
et corrompe ce bonheur. Une suggestion four-
nie par l'extérieur peut ranimer un passé désagréable à contempler. De combien d'actions
sottes ou viles le passé n'est-il pas rempli, qui
sont véritablement indignes de ce roi de la
pensée et qui en souillent la dignité idéale?
Croyez que l'homme au haschisch affrontera
courageusement ces fantômes pleins de repro-
ches, et même qu'il saura tirer de ces hideux
souvenirs de nouveaux éléments de plaisir et
d'orgueil. Telle sera l'évolution de son raisonnement : la première sensation de douleur
passée, il analysera curieusement cette action
ou ce sentiment dont le souvenir a troublé
sa glorification actuelle, les motifs qui le faisaient agir alors, les circonstances dont il était

environné, et s'il ne trouve pas dans ces circonstances des raisons suffisantes, sinon pour
absoudre, au moins pour atténuer son péché,
n'imaginez pas qu'il se sente vaincu! J'assiste
à son raisonnement comme au jeu d'un méca-
nisme sous une vitre transparente : « Cette
action ridicule, lâche ou vile, dont le souvenir
m'a un moment agité, est en complète contradiction avec ma vraie nature, ma nature actuelle, et l'énergie même avec laquelle je la
condamne, le soin inquisitorial avec lequel je
l'analyse et je la juge, prouvent mes hautes
et divines aptitudes pour la vertu. Combien
trouverait-on dans le monde d'hommes aussi
habiles pour se juger, aussi sévères pour se
condamner ? » Et non-seulement il se condamne, mais il se glorifie. L'horrible souvenir ainsi absorbé dans la contemplation d'une
vertu idéale, d'une charité idéale, d'un génie
idéal, il se livre candidement à sa triomphante
orgie spirituelle. Nous avons vu que, contre-
faisant d'une manière sacrilège le sacrement

de la pénitence, à la fois pénitent et confes-
seur, il s'était donné une facile absolution, ou,
pis encore, qu'il avait tiré de sa condamna-
tion une nouvelle pâture pour son orgueil.
Maintenant, de la contemplation de ses rêves
et de ses projets de vertu, il conclut à son
aptitude pratique à la vertu; l'énergie amou-
reuse avec laquelle il embrasse ce fantôme de
vertu lui paraît une preuve suffisante, pé-
remptoire, de l'énergie virile nécessaire pour
l'accomplissement de son idéal. Il confond
complétement le rêve avec l'action, et son
imagination s'échauffant de plus en plus devant le spectacle enchanteur de sa propre nature corrigée et idéalisée, substituant cette
image fascinatrice de lui-même à son réel individu, si pauvre en volonté, si riche en va-
nité, il finit par décréter son apothéose en ces
termes nets et simples, qui contiennent pour
lui tout un monde d'abominables jouissances :
« *Je suis le plus vertueux de tous les hommes !* »
Cela ne vous fait-il pas souvenir de Jean-

Jacques, qui, lui aussi, après s'être confessé
à l'univers, non sans une certaine volupté, a
osé pousser le même cri de triomphe (ou du
moins la différence est bien petite) avec la
même sincérité et la même conviction ? L'enthousiasme avec lequel il admirait la vertu,
l'attendrissement nerveux qui remplissait ses
yeux de larmes, à la vue d'une belle action ou
à la pensée de toutes les belles actions qu'il
aurait voulu accomplir, suffisaient pour lui
donner une idée superlative de sa valeur morale. Jean-Jacques s'était enivré sans haschisch.

Suivrai-je plus loin l'analyse de cette victorieuse monomanie ? Expliquerai-je comment,
sous l'empire du poison, mon homme se fait
bientôt centre de l'univers ? comment il devient l'expression vivante et outrée du proverbe qui dit que la passion rapporte tout à
elle ? Il croit à sa vertu et à son génie ; ne de-
vine-t-on pas la fin ? Tous les objets environ-
nants sont autant de suggestions qui agitent

en lui un monde de pensées, toutes plus colorées, plus vivantes, plus subtiles que jamais,
et revêtues d'un vernis magique. « Ces villes
magnifiques, se dit-il, où les bâtiments su-
perbes sont échelonnés comme dans les décors, — ces beaux navires balancés par les
eaux de la rade dans un désœuvrement nos-
talgique, et qui ont l'air de traduire notre
pensée : Quand partons-nous pour le bonheur?
— ces musées qui regorgent de belles formes
et de couleurs enivrantes, — ces bibliothèques
où sont accumulés les travaux de la Science et
les rêves de la Muse, — ces instruments ras-
semblés qui parlent avec une seule voix, —
ces femmes enchanteresses, plus charmantes
encore par la science de la parure et l'économie du regard, — toutes ces choses ont été
créées *pour moi, pour moi, pour moi!* Pour moi,
l'humanité a travaillé, a été martyrisée, immolée, — pour servir de pâture, de *pabulum,* à
mon implacable appétit d'émotion, de connaissance et de beauté! » Je saute et j'abrège. Per-

sonne ne s'étonnera qu'une pensée finale, suprême, jaillisse du cerveau du rêveur : « *Je suis
devenu Dieu !* » qu'un cri sauvage, ardent, s'é-
lance de sa poitrine avec une énergie telle,
une telle puissance de projection, que, si les
volontés et les croyances d'un homme ivre
avaient une vertu efficace, ce cri culbuterait
les anges disséminés dans les chemins du ciel :
« Je suis un Dieu ! » Mais bientôt cet ouragan
d'orgueil se transforme en une température de
béatitude calme, muette, reposée, et l'universalité des êtres se présente colorée et comme
illuminée par une aurore sulfureuse. Si par
hasard un vague souvenir se glisse dans l'âme
de ce déplorable bienheureux : N'y aurait-il
pas un autre Dieu ? croyez qu'il se redressera
devant *celui-là,* qu'il discutera ses volontés et
qu'il l'affrontera sans terreur. Quel est le philosophe français qui, pour railler les doctrines
allemandes modernes, disait : « Je suis un
dieu qui ai mal dîné ? » Cette ironie ne mor-
drait pas sur un esprit enlevé par le has-

chisch ; il répondrait tranquillement : « Il est possible que j'aie mal dîné, mais je suis un Dieu. »

V

MORALE

Mais le lendemain ! le terrible lendemain ! tous les organes relâchés, fatigués, les nerfs détendus, les titillantes envies de pleurer, l'impossibilité de s'appliquer à un travail suivi, vous enseignent cruellement que vous avez joué un jeu défendu. La hideuse nature, dépouillée de son illumination de la veille, ressemble aux mélancoliques débris d'une fête. La volonté surtout est attaquée, de toutes les facultés la plus précieuse. On dit, et c'est presque vrai, que cette substance ne cause aucun mal physique, aucun mal grave, du

5

moins. Mais peut-on affirmer qu'un homme incapable d'action, et propre seulement aux rêves, se porterait vraiment bien, quand même tous ses membres seraient en bon état? Or, nous connaissons assez la nature humaine pour savoir qu'un homme qui peut, avec une cuillerée de confiture, se procurer instantanément tous les biens du ciel et de la terre, n'en gagnera jamais la millième partie par le travail. Se figure-t-on un Etat dont tous les citoyens s'enivreraient de haschisch? Quels citoyens! quels guerriers! quels législateurs! Même en Orient, où l'usage en est si répandu, il y a des gouvernements qui ont compris la nécessité de le proscrire. En effet, il est défendu à l'homme, sous peine de déchéance et de mort intellectuelle, de déranger les conditions primordiales de son existence et de rompre l'équilibre de ses facultés avec les milieux où elles sont destinées à se mouvoir, en un mot, de déranger son destin pour y substituer une fatalité d'un nouveau genre. Souvenons-nous de Melmoth, cet admirable emblème. Son épouvantable souffrance gît dans la disproportion entre ses merveilleuses facultés, acquises instantanément par un pacte satanique, et le milieu où, comme créature de Dieu, il est condamné à vivre. Et aucun de ceux qu'il veut séduire ne consent à lui acheter, aux mêmes conditions, son terrible privilége. En effet, tout homme qui n'accepte pas les conditions de la vie, vend son âme. Il est facile de saisir le rapport qui existe entre les créations sataniques des poètes et les créatures vivantes qui se sont vouées aux excitants. L'homme a voulu être Dieu, et bientôt le voilà, en vertu d'une loi morale incontrôlable, tombé plus bas que sa nature réelle. C'est une âme qui se vend en détail.

Balzac pensait sans doute qu'il n'est pas pour l'homme de plus grande honte ni de plus vive souffrance que l'abdication de sa volonté. Je l'ai vu une fois, dans une réunion où il était question des effets prodigieux du haschisch. Il écoutait et questionnait avec une attention et une vivacité amusantes. Les personnes qui l'ont connu devinent qu'il devait être intéressé. Mais l'idée de penser malgré lui-même le choquait vivement. On lui présenta du dawamesk ; il l'examina, le flaira et le rendit sans y toucher. La lutte entre sa curiosité presque enfantine et sa répugnance pour l'abdication se trahissait sur son visage expressif d'une manière frappante. L'amour de la dignité l'emporta. En effet, il est difficile de se figurer le théoricien de la *volonté*, ce jumeau spirituel de Louis Lambert, consentant à perdre une parcelle de cette précieuse *substance*.

Malgré les admirables services qu'ont rendus l'éther et le chloroforme, il me semble qu'au point de vue de la philosophie spiritualiste, la même flétrissure morale s'applique à toutes les inventions modernes qui tendent à diminuer la liberté humaine et l'indispensable douleur. Ce n'est pas sans une certaine

admiration que j'entendis une fois le para-
doxe d'un officier qui me racontait l'opération cruelle pratiquée sur un général français
à El-Aghouat, et dont celui-ci mourut malgré
le chloroforme. Ce général était un homme
très-brave, et même quelque chose de plus,
une de ces âmes à qui s'applique naturellement le terme : chevaleresque. « Ce n'était
pas, me disait-il, du chloroforme qu'il lui
fallait, mais les regards de toute l'armée et la
musique des régiments. Ainsi peut-être il eût
été sauvé ! » Le chirurgien n'était pas de l'avis
de cet officier; mais l'aumônier aurait sans
doute admiré ces sentiments.

Il est vraiment superflu, après toutes ces
considérations, d'insister sur le caractère im-
moral du haschisch. Que je le compare au
suicide, à un suicide lent, à une arme toujours sanglante et toujours aiguisée, aucun
esprit raisonnable n'y trouvera à redire. Que
je l'assimile à la sorcellerie, à la magie, qui
veulent, en opérant sur la matière, et par des

arcanes dont rien ne prouve la fausseté non
plus que l'efficacité, conquérir une domination interdite à l'homme ou permise seulement à celui qui en est jugé digne, aucune âme
philosophique ne blâmera cette comparaison.
Si l'Eglise condamne la magie et la sorcellerie,
c'est qu'elles militent contre les intentions de
Dieu, qu'elles suppriment le travail du temps
et veulent rendre superflues les conditions de
pureté et de moralité; et qu'elle, l'Eglise, ne
considère comme légitimes, comme vrais,
que les trésors gagnés par la bonne intention
assidue. Nous appelons escroc le joueur qui a
trouvé le moyen de jouer à coup sûr; comment nommerons-nous l'homme qui veut
acheter, avec un peu de monnaie, le bonheur
et le génie? C'est l'infaillibilité même du
moyen qui en constitue l'immoralité, comme
l'infaillibilité supposée de la magie lui im-
pose son stigmate infernal. Ajouterai-je que
le haschisch, comme toutes les joies solitaires,
rend l'individu inutile aux hommes et la so-

ciété superflue pour l'individu, le poussant à s'admirer sans cesse lui-même et le précipitant jour à jour vers le gouffre lumineux où il admire sa face de Narcisse?

Si encore, au prix de sa dignité, de son honnêteté et de son libre arbitre, l'homme pouvait tirer du haschisch de grands bénéfices spirituels, en faire une espèce de machine à penser, un instrument fécond? C'est une question que j'ai souvent entendu poser, et j'y réponds. D'abord, comme je l'ai longuement expliqué, le haschisch ne révèle à l'individu rien que l'individu lui-même. Il est vrai que cet individu est pour ainsi dire cubé et poussé à l'extrême, et comme il est également certain que la mémoire des impressions survit à l'orgie, l'espérance de ces *utilitaires* ne paraît pas au premier aspect tout à fait dénuée de raison. Mais je les prierai d'observer que les pensées, dont ils comptent tirer un si grand parti, ne sont pas réellement aussi belles qu'elles le paraissent sous leur

travestissement momentané et recouvertes
d'oripeaux magiques. Elles tiennent de la
terre plutôt que du ciel, et doivent une grande
partie de leur beauté à l'agitation nerveuse, à
l'avidité avec laquelle l'esprit se jette sur
elles. Ensuite, cette espérance est un cercle
vicieux : admettons un instant que le haschisch donne, ou du moins augmente le génie ; ils oublient qu'il est de la nature du haschisch de diminuer la volonté, et qu'ainsi il
accorde d'un côté ce qu'il retire de l'autre,
c'est-à-dire l'imagination sans la faculté d'en
profiter. Enfin il faut songer, en supposant
un homme assez adroit et assez vigoureux
pour se soustraire à cette alternative, à un
autre danger, fatal, terrible, qui est celui de
toutes les accoutumances. Toutes se transforment bientôt en nécessités. Celui qui aura re-
cours à un poison *pour* penser ne pourra
bientôt plus penser *sans* poison. Se figure-
t-on le sort affreux d'un homme dont l'imagination paralysée ne saurait plus fonctionner

sans le secours du haschisch ou de l'opium?

Dans les études philosophiques, l'esprit humain, imitant la marche des astres, doit suivre une courbe qui le ramène à son point de départ. Conclure, c'est fermer un cercle. Au commencement j'ai parlé de cet état merveilleux, où l'esprit de l'homme se trouvait quelquefois jeté comme par une grâce spéciale; j'ai dit qu'aspirant sans cesse à réchauffer ses espérances et à s'élever vers l'infini, il montrait, dans tous les pays et dans tous les temps, un goût frénétique pour toutes les substances, mêmes dangereuses, qui, en exaltant sa personnalité, pouvaient susciter un instant à ses yeux ce paradis d'occasion, objet de tous ses désirs, et enfin que cet esprit hasardeux, poussant, sans le savoir, jusqu'à l'enfer, témoignait ainsi de sa grandeur originelle. Mais l'homme n'est pas si abandonné, si privé de moyens honnêtes pour gagner le ciel, qu'il soit obligé d'invoquer la pharmacie et la sorcellerie; il n'a pas besoin de vendre son âme

5.

pour payer les caresses enivrantes et l'amitié
des houris. Qu'est-ce qu'un paradis qu'on
achète au prix de son salut éternel ? Je me
figure un homme (dirai-je un brahmane, un
poète, ou un philosophe chrétien ?) placé sur
l'Olympe ardu de la spiritualité; autour de
lui, les Muses de Raphaël ou de Mantegna,
pour le consoler de ses longs jeûnes et de ses
prières assidues, combinent les danses les
plus nobles, le regardent avec leurs plus doux
yeux et leurs sourires les plus éclatants; le
divin Apollon, ce maître en tout savoir (celui
de Francavilla, d'Albert Durer, de Goltzius
ou de tout autre, qu'importe ? N'y a-t-il pas
un Apollon, pour tout homme qui le mérite?),
caresse de son archet ses cordes les plus vi-
brantes. Au-dessous de lui, au pied de la
montagne, dans les ronces et dans la boue, la
troupe des humains, la bande des ilotes, si-
mule les grimaces de la jouissance et pousse
des hurlements que lui arrache la morsure du
poison ; et le poète attristé se dit : « Ces in-

fortunés qui n'ont ni jeûné, ni prié, et qui ont refusé la rédemption par le travail, demandent à la noire magie les moyens de s'élever, d'un seul coup, à l'existence surnaturelle. La magie les dupe et elle allume pour eux un faux bonheur et une fausse lumière ; tandis que nous, poètes et philosophes, nous avons régénéré notre âme par le travail successif et la contemplation ; par l'exercice assidu de la volonté et la noblesse permanente de l'intention, nous avons créé à notre usage un jardin de vraie beauté. Confiants dans la parole qui dit que la foi transporte les montagnes, nous avons accompli le seul miracle dont Dieu nous ait octroyé la licence ! »

UN MANGEUR D'OPIUM

UN MANGEUR D'OPIUM

I

PRÉCAUTIONS ORATOIRES

O juste, subtil et puissant opium !
Toi qui, au cœur du pauvre comme
du riche, pour les blessures qui ne
se cicatriseront jamais et pour les angoisses
qui induisent l'esprit en rébellion, apportes
un baume adoucissant; éloquent opium ! toi
qui, par ta puissante rhétorique désarmes les
résolutions de la rage, et qui, pour une nuit,
rends à l'homme coupable les espérances de

sa jeunesse et ses anciennes mains pures de sang ; qui, à l'homme orgueilleux, donnes un oubli passager

Des torts non redressés et des insultes non vengées ;

qui cites les faux témoins au tribunal des rêves, pour le triomphe de l'innocence immolée ; qui confonds le parjure ; qui annules les sentences des juges iniques ; — tu bâtis sur le sein des ténèbres, avec les matériaux imaginaires du cerveau, avec un art plus profond que celui de Phidias et de Praxitèle, des cités et des temples qui depassent en splendeur Babylone et Hékatompylos ; et du chaos d'un sommeil plein de songes tu évoques à la lumière du soleil les visages des beautés depuis longtemps ensevelies, et les physionomies familières et bénies, nettoyées des outrages de la tombe. Toi seul, tu donnes à l'homme ces trésors, et tu possèdes les clefs du paradis, ô juste, subtil et puissant opium ! » — Mais, avant

que l'auteur ait trouvé l'audace de pousser,
en l'honneur de son cher opium, ce cri violent comme la reconnaissance de l'amour,
que de ruses, que de précautions oratoires !
D'abord, c'est l'allégation éternelle de ceux
qui ont à faire des aveux compromettants,
presque décidés cependant à s'y complaire :

« Grâce à l'application que j'y ai mise, j'ai
la confiance que ces mémoires ne seront pas
simplement intéressants, mais aussi, et à un
degré considérable, utiles et instructifs. C'est
positivement dans cette espérance que je les
ai rédigés par écrit, et ce sera mon excuse
pour avoir rompu cette délicate et honorable
réserve, qui empêche la plupart d'entre nous
de faire une exhibition publique de nos propres erreurs et infirmités. Rien, il est vrai,
n'est plus propre à révolter le sens anglais,
que le spectacle d'un être humain, imposant
à notre attention ses cicatrices et ses ulcères
moraux et arrachant cette pudique draperie
dont le temps ou l'indulgence pour la fragi-

lité humaine avait consenti à les revêtir. »

En effet, ajoute-t-il, généralement le crime
et la misère reculent loin du regard public,
et, même dans le cimetière, ils s'écartent de
la population commune, comme s'ils abdi-
quaient humblement tout droit à la camara-
derie avec la grande famille humaine. Mais,
dans le cas du *Mangeur d'opium*, il n'y a pas
crime, il n'y a que faiblesse, et encore faiblesse si facile à excuser! ainsi qu'il le prou-
vera dans une biographie préliminaire; ensuite le bénéfice résultant pour autrui des
notes d'une expérience achetée à un prix si
lourd, peut compenser largement la violence
faite à la pudeur morale et créer une exception légitime.

Dans cette adresse au lecteur nous trouvons
quelques renseignements sur le peuple mystérieux des mangeurs d'opium, cette nation
contemplative perdue au sein de la nation active. Ils sont nombreux, et plus qu'on ne le
croit. Ce sont des professeurs, ce sont des phi-

losophes, un lord placé dans la plus haute situation, un sous-secrétaire d'Etat; si des cas
aussi nombreux, pris dans la haute classe de
la société, sont venus, sans avoir été cherchés,
à la connaissance d'un seul individu, quelle
statistique effroyable ne pourrait-on pas établir sur la population totale de l'Angleterre !
Trois pharmaciens de Londres, dans des quar-
tiers pourtant reculés, affirment (en 1821)
que le nombre des *amateurs* d'opium est immense, et que la difficulté de distinguer les
personnes qui en ont fait une sorte d'hygiène
de celles qui veulent s'en procurer dans un
but coupable est pour eux une source d'embarras quotidiens. Mais l'opium est descendu
visiter les limbes de la société, et à Manches-
ter, dans l'après-midi du samedi, les comp-
toirs des droguistes sont couverts de pilules
préparées en prévision des demandes du soir.
Pour les ouvriers des manufactures l'opium
est une volupté économique; car l'abaisse-
ment des salaires peut faire de l'ale et des spi-

ritueux une orgie coûteuse. Mais ne croyez pas, quand le salaire remontera, que l'ouvrier anglais abandonne l'opium pour retourner aux grossières joies de l'alcool. La fascination est opérée; la volonté est domptée; le souvenir de la jouissance exercera son éternelle tyrannie.

Si des natures grossières et abêties par un travail journalier et sans charme peuvent trouver dans l'opium de vastes consolations, quel en sera donc l'effet sur un esprit subtil et lettré, sur une imagination ardente et cultivée, surtout si elle a été prématurément labourée par la fertilisante douleur, — sur un cerveau marqué par la rêverie fatale, *touched with pensiveness*, pour me servir de l'étonnante expression de mon auteur? Tel est le sujet du merveilleux livre que je déroulerai comme une tapisserie fantastique sous les yeux du lecteur. J'abrégerai sans doute beaucoup; De Quincey est essentiellement digressif; l'expression *humourist* peut lui être appliquée plus convenablement qu'à tout autre ; il compare, en un endroit, sa pensée à un thyrse, simple bâton qui tire toute sa physionomie et tout son charme du feuillage compliqué qui l'enveloppe. Pour que le lecteur ne perde rien des tableaux émouvants qui composent la substance de son volume, l'espace dont je dispose étant restreint, je serai obligé, à mon grand regret, de supprimer bien des hors-d'œuvre très-amusants, bien des dissertations exquises, qui n'ont pas directement trait à l'opium, mais ont simplement pour but d'*illustrer* le caractère du mangeur d'opium. Cependant le livre est assez vigoureux pour se faire deviner, même sous cette enveloppe succincte, même à l'état de simple extrait.

L'ouvrage (*Confessions of an english opium-eater, being an extract from the life of a scholar*) est divisé en deux parties : l'une, *Confessions*; l'autre, son complément, *Suspiria de profundis*. Chacune se partage en différentes subdivisions, dont j'omettrai quelques-unes,

qui sont comme des corollaires ou des appen-
dices. La division de la première partie est
parfaitement simple et logique, naissant du
sujet lui-même : *Confessions préliminaires; Vo-*
luptés de l'opium; Tortures de l'opium. Les *Con-*
fessions préliminaires, sur lesquelles j'ai à m'é-
tendre un peu longuement, ont un but facile
à deviner. Il faut que le personnage soit
connu, qu'il se fasse aimer, apprécier du lecteur. L'auteur, qui a entrepris d'intéresser
vigoureusement l'attention avec un sujet en
apparence aussi monotone que la description
d'une ivresse, tient vivement à montrer jusqu'à quel point il est excusable ; il veut créer
pour sa personne une sympathie dont pro-
fitera tout l'ouvrage. Enfin, et ceci est très-
important, le récit de certains accidents,
vulgaires peut-être en eux-mêmes, mais
graves et sérieux en raison de la sensibilité
de celui qui les a supportés, devient, pour
ainsi dire, la clef des sensations et des visions
extraordinaires qui assiégeront plus tard son

cerveau. Maint vieillard, penché sur une table
de cabaret, se revoit lui-même vivant dans
un entourage disparu ; son ivresse est faite de
sa jeunesse évanouie. De même, les événements racontés dans les *Confessions* usurpe-
ront une part importante dans les visions
postérieures. Ils ressusciteront comme ces rêves qui ne sont que les souvenirs déformés ou
transfigurés des obsessions d'une journée la-
borieuse.

II

CONFESSIONS PRÉLIMINAIRES

Non, ce ne fut pas pour la recherche d'une volupté coupable et paresseuse qu'il commença à user de l'opium, mais simplement pour adoucir les tortures d'estomac nées d'une habitude cruelle de la faim. Ces angoisses de la famine datent de sa première jeunesse, et c'est à l'âge de vingt-huit ans que le mal et le remède font leur première apparition dans sa vie, après une période assez longue de bonheur, de sécurité et de bien-être. Dans quelles circonstances se produisirent ces angoisses fatales, c'est ce qu'on va voir.

6

Le futur *mangeur d'opium* avait sept ans quand son père mourut, le laissant à des tuteurs qui lui firent faire sa première éducation dans plusieurs écoles. De très-bonne heure il se distingua par ses aptitudes littéraires, particulièrement par une connaissance prématurée de la langue grecque. A treize ans, il écrivait en grec; à quinze, il pouvait non-seulement composer des vers grecs en mètres lyriques, mais même converser en grec abondamment et sans embarras, faculté qu'il devait à une habitude journalière d'improviser en grec une traduction des journaux anglais. La nécessité de trouver dans sa mémoire et son imagination une foule de périphrases pour exprimer par une langue morte des idées et des images absolument modernes, avait créé pour lui un dictionnaire toujours prêt, bien autrement complexe et étendu que celui qui résulte de la vulgaire patience des thèmes purement littéraires. « Ce garçon-là, disait un de ses maîtres en le désignant à un étranger, pourrait haranguer une foule athénienne beaucoup mieux que vous ou moi une foule anglaise. » Malheureusement notre helléniste précoce fut enlevé à cet excellent maître ; et, après avoir passé par les mains d'un grossier pédagogue tremblant toujours que l'enfant ne se fît le redresseur de son ignorance, il fut remis aux soins d'un bon et solide professeur, qui, lui aussi, péchait par le manque d'élégance et ne rappelait en rien l'ardente et étincelante érudition du premier. Mauvaise chose, qu'un enfant puisse juger ses maîtres et se placer au-dessus d'eux. On traduisait Sophocle, et, avant l'ouverture de la classe, le zélé professeur, l'*archididascalus,* se préparait avec une grammaire et un lexique à la lecture des chœurs, purgeant à l'avance sa leçon de toutes les hésitations et de toutes les difficultés. Cependant le jeune homme (il touchait à ses dix-sept ans) brûlait d'aller à l'université, et c'était en vain qu'il tourmentait ses tuteurs à ce sujet. L'un d'eux, homme bon et raisonnable,

vivait fort loin. Sur les trois autres, deux
avaient remis toute leur autorité entre les
mains du quatrième; et celui-là nous est dépeint comme le mentor le plus entêté du
monde et le plus amoureux de sa propre volonté. Notre aventureux jeune homme prend
un grand parti; il fuira l'école. Il écrit à une
charmante et excellente femme, une amie de
famille sans doute, qui l'a tenu enfant sur ses
genoux, pour lui demander cinq guinées. Une
réponse pleine de grâce maternelle arrive
bientôt, avec le double de la somme deman-
dée. Sa bourse d'écolier contenait encore deux
guinées, et douze guinées représentent une
fortune infinie pour un enfant qui ne connaît
pas les nécessités journalières de la vie. Il ne
s'agit plus que d'exécuter la fuite. Le morceau
suivant est un de ceux que je ne peux pas me
résigner à abréger. Il est bon d'ailleurs que le
lecteur puisse de temps en temps goûter par
lui-même la manière pénétrante et *féminine*
de l'auteur.

« Le docteur Johnson fait une observation
fort juste (et pleine de sentiment, ce que malheureusement on ne peut pas dire de toutes
ses observations), c'est que nous ne faisons
jamais sciemment pour la dernière fois, sans
une tristesse au cœur, ce que nous avons depuis longtemps accoutumance de faire. Je
sentis profondément cette vérité, quand j'en
vins à quitter un lieu que je n'aimais pas, et
où je n'avais pas été heureux. Le soir qui pré-
céda le jour où je devais le fuir pour jamais,
j'entendis avec tristesse résonner dans la
vieille et haute salle de la classe la prière du
soir; car je l'entendais pour la dernière fois;
et la nuit venue, quand on fit l'appel, mon
nom ayant été, comme d'habitude, appelé le
premier, je m'avançai, et, passant devant le
principal qui était présent, je le saluai; je le
regardais curieusement au visage, et je pen-
sais en moi-même : Il est vieux et infirme, et
je ne le reverrai plus en ce monde ! J'avais raison, car je ne l'ai pas revu et je ne le reverrai

jamais. Il me regarda complaisamment, avec
un bon sourire, me rendit mon salut, ou plutôt mon adieu, et nous nous quittâmes, sans
qu'il s'en doutât, pour toujours. Je ne pouvais
pas éprouver un profond respect pour son intelligence; mais il s'était toujours montré bon
pour moi; il m'avait accordé maintes faveurs,
et je souffrais à la pensée de la mortification
que j'allais lui infliger.

» Le matin arriva, où je devais me lancer sur
la mer du monde, matin d'où toute ma vie
subséquente a pris, en grande partie, sa couleur. Je logeais dans la maison du principal,
et j'avais obtenu, dès mon arrivée, la faveur
d'une chambre particulière, qui me servait
également de chambre à coucher et de cabinet
de travail. A trois heures et demie, je me le-
vai, et je considérai avec une profonde émotion les anciennes tours de....., parées des
premières lueurs, et qui commençaient à
s'empourprer de l'éclat radieux d'une matinée
de juin sans nuages. J'étais ferme et inébran-

lable dans mon dessein, mais troublé cependant par une appréhension vague d'embarras et de dangers incertains; et si j'avais pu prévoir la tempête, la véritable grêle d'affliction qui devait bientôt s'abattre sur moi, j'eusse été à bon droit bien autrement agité. La paix profonde du matin faisait avec ce trouble un contraste attendrissant et lui servait presque de médecine. Le silence était plus profond qu'à minuit; et pour moi le silence d'un matin d'été est plus touchant que tout autre silence, parce que la lumière, quoique large et forte, comme celle de midi dans les autres saisons de l'année, semble différer du jour parfait surtout en ceci que l'homme n'est pas encore dehors; et ainsi la paix de la nature et des innocentes créatures de Dieu semble profonde et assurée, tant que la présence de l'homme, avec son esprit inquiet et instable, n'en viendra pas troubler la sainteté. Je m'habillai, je pris mon chapeau et mes gants, et je m'attardai quelque temps dans ma chambre.

Depuis un an et demi, cette chambre avait été la citadelle de ma pensée ; là, j'avais lu et étudié pendant les longues heures de la nuit ; et, bien qu'à dire vrai, pendant la dernière partie de cette période, moi qui étais fait pour l'amour et les affections douces, j'eusse perdu ma gaieté et mon bonheur dans la lutte fiévreuse que j'avais soutenue contre mon tuteur, d'un autre côté cependant, un garçon comme moi, amoureux des livres, adonné aux recherches de l'esprit, ne pouvait pas n'avoir pas joui de quelques bonnes heures, au milieu même de son découragement. Je pleurais en regardant autour de moi le fauteuil, la cheminée, la table à écrire, et autres objets familiers que j'étais trop sûr de ne pas revoir. Depuis lors jusqu'à l'heure où je trace ces lignes dix-huit années se sont écoulées, et cependant, en ce moment même, je vois distinctement, comme si cela datait d'hier, le contour et l'expression de l'objet sur lequel je fixais un regard d'adieu ; c'était un portrait de la séduisante..... (1), qui était suspendu au-dessus de la cheminée, et dont les yeux et la bouche étaient si beaux, et toute la physionomie si radieuse de bonté et de divine sérénité, que j'avais mille fois laissé tomber ma plume ou mon livre pour demander des consolations à son image, comme un dévot à son saint patron. Pendant que je m'oubliais à la contempler, la voix profonde de l'horloge proclama qu'il était quatre heures. Je me haussai jusqu'au portrait, je le baisai, et puis je sortis doucement et je refermai la porte pour toujours !

» Les occasions de rire et de larmes s'entrelacent et se mêlent si bien dans cette vie, que je ne puis sans sourire me rappeler un incident qui se produisit alors et faillit faire obstacle à l'exécution immédiate de mon plan. J'avais une malle d'un poids énorme ; car, outre mes habits, elle contenait presque toute

(1) Peut-être la dame aux dix guinées.

6.

ma bibliothèque. La difficulté était de la faire transporter chez un voiturier. Ma chambre était située à une hauteur aérienne, et ce qu'il y avait de pis, c'est que l'escalier qui conduisait à cet angle du bâtiment aboutissait à un corridor passant devant la porte de la chambre du principal. J'étais adoré de tous les domestiques, et, sachant que chacun d'eux s'empresserait à me servir secrètement, je confiai mon embarras à un valet de chambre du principal. Il jura qu'il ferait tout ce que je voudrais; et quand le moment fut venu, il monta l'escalier pour emporter la malle. Je craignais fort que cela ne fût au-dessus des forces d'un seul homme; mais ce groom était un gaillard doué

D'épaules atlastiques, faites pour supporter
Le poids des plus puissantes monarchies,

et il avait un dos aussi vaste que les plaines de Salisbury. Il s'entêta donc à transporter la

malle à lui seul, pendant que j'attendais au
bas du dernier étage, plein d'anxiété. Durant
quelque temps, je l'entendis qui descendait
d'un pas ferme et lent; mais malheureusement, par suite de son inquiétude, comme il
se rapprochait de l'endroit dangereux, à quelques pas du corridor son pied glissa, et le
puissant fardeau, tombant de ses épaules, ac-
quit une telle vitesse de descente à chaque
marche de l'escalier, qu'en arrivant au bas
il roula, ou plutôt bondit tout droit, avec le
vacarme de vingt démons, contre la porte de
la chambre à coucher de l'*archididascalus*. Ma
première idée fut que tout était perdu, et que
ma seule chance pour exécuter une retraite
était de sacrifier mon bagage. Néanmoins un
moment de réflexion me décida à attendre la
fin de l'aventure. Le groom était dans une
frayeur horrible pour son propre compte et
pour le mien; mais, en dépit de tout cela,
le sentiment du comique s'était, dans ce
malheureux contre-temps, si irrésistiblement

emparé de son esprit, qu'il éclata de rire, —
mais d'un rire prolongé, étourdissant, à toute
volée, qui aurait réveillé les *Sept-Dormants*.
Aux sons de cette musique de gaieté, qui ré-
sonnait aux oreilles mêmes de l'autorité in-
sultée, je ne pus m'empêcher de joindre la
mienne, non pas tant à cause de la malheureuse *étourderie* de la malle, qu'à cause de
l'effet nerveux produit sur le groom. Nous
nous attendions tous les deux, très-naturel-
lement, à voir le docteur s'élancer hors de sa
chambre; car généralement, s'il entendait remuer une souris, il bondissait comme un mâ-
tin hors de sa niche. Chose singulière, en
cette occasion, quand nos éclats de rire eurent
cessé, aucun bruit, pas même un frôlement,
ne se fit entendre dans la chambre. Le docteur
était affligé d'une infirmité douloureuse, qui
le tenait quelquefois éveillé, mais qui peut-
être, quand il parvenait à s'assoupir, le faisait
dormir plus profondément. Encouragé par ce
silence, le groom rechargea son fardeau sur

ses épaules et effectua le reste de sa descente sans accident. J'attendis jusqu'à ce que j'eusse vu la malle placée sur une brouette, et en route pour la voiture. Alors, sans autre guide que la Providence, je partis à pied, emportant sous mon bras un petit paquet avec quelques objets de toilette, un poète anglais favori dans une poche, et dans l'autre un petit volume in-douze contenant environ neuf pièces d'Eupide. »

Notre écolier avait caressé l'idée de se diriger vers le Westmoreland; mais un accident qu'il ne nous explique pas changea son itinéraire et le jeta dans les Galles du Nord. Après avoir erré quelque temps dans le Denbighshire, le Merionethshire et le Caernarvonshire, il s'installa dans une petite maison fort propre, à B....; mais il en fut bientôt rejeté par un incident où son jeune orgueil se trouva froissé de la manière la plus comique. Son hôtesse avait servi chez un évêque, soit comme gouvernante, soit comme bonne d'enfants. La superbe énorme du clergé anglais s'infiltre généralement non-seulement dans les enfants des dignitaires, mais même dans leurs serviteurs. Dans une petite ville comme B...., avoir vécu dans la famille d'un évêque suffisait évidemment pour conférer une sorte de distinction ; de sorte que la bonne dame n'avait sans cesse à la bouche que des phrases comme : « Mylord faisait ceci, mylord faisait cela ; mylord était un homme indispensable au Parlement, indispensable à Oxford..... » Peut-être trouva-t-elle que le jeune homme n'écoutait pas ses discours avec assez de révérence. Un jour elle était allée rendre ses devoirs à l'évêque et à sa famille, et celui-ci l'avait questionnée sur ses petites affaires. Apprenant qu'elle avait loué son appartement, le digne prélat avait pris soin de lui recommander d'être fort difficile sur le choix de ses locataires : « Betty, dit-il, rappelez-vous bien que cet endroit est placé sur la grande route qui mène à la capitale, de sorte

qu'il doit vraisemblablement servir d'étape à
une foule d'escrocs irlandais, qui fuient leurs
créanciers d'Angleterre, et d'escrocs anglais
qui ont laissé des dettes dans l'île de Man. »
Et la bonne dame, en racontant orgueilleuse-
ment son entrevue avec l'évêque, ne manqua
pas d'ajouter sa réponse : « Oh! mylord, je ne
crois vraiment pas que ce jeune gentleman
soit un escroc, parce que..... » — « Vous ne
pensez pas que je sois un escroc! répond le
jeune écolier exaspéré; désormais, je vous
épargnerai la peine de penser à de pareilles
choses. » Et il s'apprête à partir. La pauvre
hôtesse avait bien envie de mettre les pouces;
mais, la colère ayant inspiré à celui-ci quelques termes peu respectueux à l'endroit de
l'évêque, toute réconciliation devint impossible. « J'étais, dit-il, véritablement indigné
de cette facilité de l'évêque à calomnier une
personne qu'il n'avait jamais vue, et j'eus envie de lui faire savoir là-dessus ma pensée en
grec, ce qui, tout en fournissant une pré-

somption en faveur de mon honnêteté, aurait en même temps (du moins je l'espérais)
fait un devoir à l'évêque de me répondre dans
la même langue ; auquel cas je ne doutais pas
qu'il devînt manifeste que si je n'étais pas
aussi riche que Sa Seigneurie, j'étais un bien
meilleur helléniste. Des pensées plus saines
chassèrent ce projet enfantin.... »

Sa vie errante recommence ; mais d'auberge
en auberge il se trouve rapidement dépouillé
de son argent. Pendant une quinzaine de
jours il est réduit à se contenter d'un seul plat
par jour. L'exercice et l'air des montagnes,
qui agissent vigoureusement sur un jeune estomac, lui rendent ce maigre régime fort
douloureux ; car ce repas unique est fait de
thé ou de café. Enfin le thé et le café deviennent un luxe impossible, et durant tout son
séjour dans le pays de Galles il subsiste uniquement de mûres et de baies d'églantier. De
temps à autre une bonne hospitalité coupe,
comme une fête, ce régime d'anachorète, et

cette hospitalité, il la paye généralement par
de petits services d'écrivain public. Il remplit
l'office de secrétaire pour les paysans qui ont
des parents à Londres ou à Liverpool. Plus
souvent ce sont des lettres d'amour que les
filles qui ont été servantes, soit à Shrews-
bury, soit dans toute autre ville sur la côte
d'Angleterre, le chargent de rédiger pour les
amoureux qu'elles y ont laissés. Il y a même
un épisode de ce genre qui a un caractère touchant. Dans une partie reculée du Merionethshire, à Llan-y-Stindwr, il loge pendant un
peu plus de trois jours chez des jeunes gens
qui le traitent avec une cordialité charmante;
quatre sœurs et trois frères, tous parlant anglais, et doués d'une élégance et d'une beauté
natives tout à fait singulières. Il rédige une
lettre pour un des frères, qui, ayant servi sur
un navire de guerre, veut réclamer ses parts
de prise; et plus secrètement, deux lettres d'a-
mour pour deux des sœurs. Ces naïves créatures, par leur candeur, leur distinction na-

turelle, et leurs pudiques rougeurs, quand
elles dictent leurs instructions, font songer
aux grâces limpides et délicates des keepsakes.
Il s'acquitte si bien de son devoir que les
blanches filles sont tout émerveillées qu'il
ait su concilier les exigences de leur orgueil-
leuse pudeur avec leur envie secrète de dire
les choses les plus aimables. Mais un matin il
remarque un embarras singulier, presque une
affliction ; c'est que les vieux parents reviennent, gens grognons et austères qui s'étaient
absentés pour assister à un meeting annuel de
méthodistes à Caernarvon. A toutes les phrases que le jeune homme leur adresse, il n'obtient pas d'autre réponse que : « *Dym Sasse-
nach* » (*no English*). « Malgré tout ce que les
jeunes gens pouvaient dire en ma faveur, je
compris aisément que mes talents pour écrire
des lettres d'amour seraient auprès de ces
graves méthodistes sexagénaires une aussi
pauvre recommandation que mes vers saphi-
ques ou alcaïques. » Et de peur que la gracieuse

hospitalité offerte par la jeunesse ne se transforme dans la main de ces rudes vieillards en
une cruelle charité, il reprend son singulier
pèlerinage.

L'auteur ne nous dit pas par quels moyens
ingénieux il réussit, malgré sa misère, à se
transporter à Londres. Mais ici la misère,
d'âpre qu'elle était, devient positivement terrible, presque une agonie journalière. Qu'on
se figure seize semaines de tortures causées
par une faim permanente, à peine soulagée
par quelques bribes de pain subtilement dé-
robées à la table d'un homme dont nous aurons à parler tout à l'heure ; deux mois passés
à la belle étoile ; et enfin le sommeil corrompu
par des angoisses et des soubresauts intermit-
tents. Certes son équipée d'écolier lui coû-
tait cher. Quand la saison inclémente arriva
comme pour augmenter ces souffrances qui
semblaient ne pouvoir s'aggraver, il eut le
bonheur de trouver un abri, mais quel abri !
L'homme au déjeuner de qui il assistait et à

qui il dérobait quelques croûtes de pain (celui-ci le croyait malade et ignorait qu'il fût absolument dénué de tout) lui permit de coucher dans une vaste maison inoccupée dont il était locataire. En fait de meubles, rien qu'une table et quelques chaises; un désert poudreux, plein de rats. Au milieu de cette désolation habitait cependant une pauvre petite fille, non pas idiote, mais plus que simple, non pas jolie certes, et âgée d'une dizaine d'années, à moins toutefois que la faim dont elle était rongée n'eût vieilli prématurément son visage. Etait-ce simplement une servante ou une fille naturelle de l'homme en question, l'auteur ne l'a jamais su. Cette pauvre abandonnée fut bien heureuse quand elle apprit qu'elle aurait désormais un compagnon pour les noires heures de la nuit. La maison était vaste, et l'absence de meubles et de tapisseries la rendait plus sonore; le fourmillement des rats remplissait de bruit les salles et l'escalier. A travers les douleurs physiques du froid et de la faim, la malheureuse petite avait su se créer un mal imaginaire : elle avait peur des revenants. Le jeune homme lui promit de la protéger contre eux, et, ajoute-t-il assez drôlement, « c'était tout le secours que je pouvais lui offrir. » Ces deux pauvres êtres, maigres, affamés, frissonnants, couchaient sur le plancher avec des liasses de papiers de procédure pour oreiller, sans autre couverture qu'un vieux manteau de cavalier. Plus tard cependant, ils découvrirent dans le grenier une vieille housse de canapé, un petit morceau de tapis et quelques autres nippes qui leur firent un peu plus de chaleur. La pauvre enfant se serrait contre lui pour se réchauffer et pour se rassurer contre ses ennemis de l'autre monde. Quand il n'était pas plus malade qu'à l'ordinaire, il la prenait dans ses bras, et la petite, réchauffée par ce contact fraternel, dormait souvent tandis que lui, il n'y pouvait réussir. Car durant ses deux derniers mois de souffrance il dormait beaucoup pendant le jour, ou plutôt il tombait dans des somnolences soudaines; mauvais sommeil hanté de rêves tumultueux; sans cesse il s'éveillait, et sans cesse il s'endormait, la douleur et l'angoisse interrompant violemment le sommeil, et l'épuisement le ramenant irrésistiblement. Quel est l'homme nerveux qui ne connaît pas ce *sommeil de chien*, comme dit la langue anglaise dans son elliptique énergie? Car les douleurs morales produisent des effets analogues à ceux des souffrances physiques, telles que la faim. On s'entend soi-même gémir; on est quelquefois réveillé par sa propre voix; l'estomac va se creusant sans cesse et se contractant comme une éponge opprimée par une main vigoureuse; le diaphragme se rétrécit et se soulève; la respiration manque, et l'angoisse va toujours croissant jusqu'à ce que, trouvant un remède dans l'intensité même de la douleur, la nature humaine fasse explosion dans un grand cri et dans un bondissement de tout le

corps qui amène enfin une violente délivrance.

Cependant le maître de la maison arrivait
quelquefois soudainement, et de très-bonne
heure ; quelquefois il ne venait pas du tout.
Il était toujours sur le qui-vive, à cause des
huissiers, raffinant le procédé de Cromwell et
couchant chaque nuit dans un quartier différent ; examinant à travers un guichet la physionomie des gens qui frappaient à la porte ;
déjeunant seul avec du thé et un petit pain ou
quelques biscuits qu'il avait achetés en route,
et n'invitant jamais personne. C'est pendant ce
déjeuner, merveilleusement frugal, que le
jeune homme trouvait subtilement quelque
prétexte pour rester dans la chambre et enta-
mer la conversation ; puis, avec l'air le plus
indifférent qu'il pût se composer, il s'emparait
des derniers débris de pain traînant sur la
table ; mais quelquefois aucune épave ne restait pour lui. Tout avait été englouti. Quant à
la petite fille, elle n'était jamais admise dans

le cabinet de l'homme, si l'on peut appeler
ainsi un capharnaüm de paperasses et de par-
chemins. A six heures ce personnage mystérieux décampait et fermait sa chambre. Le
matin, à peine était-il arrivé que la petite
descendait pour vaquer à son service. Quand
l'heure du travail et des affaires commençait
pour l'homme, le jeune vagabond sortait, et
allait errer ou s'asseoir dans les parcs ou ailleurs. A la nuit il revenait à son gîte désolé, et
au coup de marteau la petite accourait d'un
pas tremblant pour ouvrir la porte d'entrée.

Dans ses années plus mûres, un 15 août,
jour de sa naissance, un soir à dix heures,
l'auteur a voulu jeter un coup d'œil sur cet
asile de ses anciennes misères. A la lueur res-
plendissante d'un beau salon, il a vu des gens
qui prenaient le thé et qui avaient l'air aussi
heureux que possible; étrange contraste avec
les ténèbres, le froid, le silence et la désolation de cette même bâtisse, lorsque, dix-huit
ans auparavant, elle abritait un étudiant fa-

mélique et une petite fille abandonnée. Plus
tard il fit quelques efforts pour retrouver la
trace de cette pauvre enfant. A-t-elle vécu?
est-elle devenue mère? Nul renseignement. Il
l'aimait comme son associée en misère; car
elle n'était ni jolie, ni agréable, ni même in-
telligente. Pas d'autre séduction qu'un visage
humain, la pure humanité réduite à son expression la plus pauvre. Mais, ainsi que l'a
dit, je crois, Robespierre, dans son style de
glace ardente, recuit et congelé comme l'abstraction : « L'homme ne voit jamais l'homme
sans plaisir! »

Mais qui était et que faisait cet homme,
ce locataire aux habitudes si mystérieuses?
C'était un de ces hommes d'affaires, comme il
y en a dans toutes les grandes villes, plongés
dans des chicanes compliquées, rusant avec la
loi, et ayant remisé pour un certain temps
leur conscience, en attendant qu'une situation plus prospère leur permette de reprendre
l'usage de ce luxe gênant. S'il le voulait, l'au-

7

teur pourrait, nous dit-il, nous amuser vivement aux dépens de ce malheureux, et nous
raconter des scènes curieuses, des épisodes
impayables; mais il a voulu tout oublier et ne
se souvenir que d'une seule chose, c'est que
cet homme, si méprisable à d'autres égards,
avait toujours été serviable pour lui, et même
généreux, autant du moins que cela était en
son pouvoir. Excepté le sanctuaire aux paperasses, toutes les chambres étaient à la disposition des deux enfants, qui chaque soir
avaient ainsi un vaste choix de logements à
leur service, et pouvaient, pour leur nuit,
planter leur tente où bon leur semblait.

Mais le jeune homme avait une autre amie
dont il est temps que nous parlions. Je voudrais, pour raconter dignement cet épisode,
dérober, pour ainsi dire, une plume à l'aile
d'un ange, tant ce tableau m'apparaît chaste,
plein de candeur, de grâce et de miséricorde.
« De tout temps, dit l'auteur, je m'étais fait
gloire de converser familièrement, *more socra-*

tico, avec tous les êtres humains, hommes, femmes et enfants, que le hasard pouvait jeter dans mon chemin; habitude favorable à la connaissance de la nature humaine, aux bons sentiments et à la franchise d'allures qui conviennent à un homme voulant mériter le titre de philosophe. Car le philosophe ne doit pas voir avec les yeux de cette pauvre créature bornée qui s'intitule elle-même *l'homme du monde,* remplie de préjugés étroits et égoïstiques, mais doit au contraire se regarder comme un être vraiment *catholique,* en communion et relation égales avec tout ce qui est en haut et tout ce qui est en bas, avec les gens instruits et les gens non éduqués, avec les coupables comme avec les innocents. » Plus tard, parmi les jouissances octroyées par le généreux opium, nous verrons se reproduire cet esprit de charité et de fraternité universelles, mais activé et augmenté par le génie particulier de l'ivresse. Dans les rues de Londres, plus encore que dans le pays de Galles,

l'étudiant émancipé était donc une espèce de
péripatéticien, un philosophe de la rue, mé-
ditant sans cesse à travers le tourbillon de la
grande cité. L'épisode en question peut paraître un peu étrange dans des pages anglaises,
car on sait que la littérature britannique
pousse la chasteté jusqu'à la pruderie ; mais,
ce qui est certain, c'est que le même sujet,
effleuré seulement par une plume française,
aurait rapidement tourné au *shocking*, tandis
qu'ici il n'y a que grâce et décence. Pour tout
dire en deux mots, notre vagabond s'était lié
d'une amitié platonique avec une *péripatéti-*
cienne de l'amour. Ann n'est pas une de ces
beautés hardies, éblouissantes, dont les yeux
de démon luisent à travers le brouillard, et
qui se font une auréole de leur effronterie.
Ann est une créature toute simple, tout ordinaire, dépouillée, abandonnée comme tant
d'autres, et réduite à l'abjection par la trahi-
son. Mais elle est revêtue de cette grâce in-
nommable, de cette grâce de la faiblesse et de

la bonté, que Gœthe savait répandre sur toutes les femelles de son cerveau, et qui a fait de sa petite Marguerite aux mains rouges une créature immortelle. Que de fois, à travers leurs monotones pérégrinations dans l'interminable Oxford-street, à travers le fourmillement de la grande ville regorgeante d'activité, l'étudiant famélique a-t-il exhorté sa malheureuse amie à implorer le secours d'un magistrat contre le misérable qui l'avait dépouillée, lui offrant de l'appuyer de son témoignage et de son éloquence ! Ann était encore plus jeune que lui, elle n'avait que seize ans. Combien de fois le protégea-t-elle contre les officiers de police qui voulaient l'expulser des portes où il s'abritait ! Une fois elle fit plus, la pauvre abandonnée : elle et son ami s'étaient assis dans Soho-square sur les degrés d'une maison devant laquelle depuis lors, avoue-t-il, il n'a jamais pu passer sans se sentir le cœur comprimé par la griffe du souvenir, et sans faire un acte de grâces intérieur à la mé-

moire de cette déplorable et généreuse jeune
fille. Ce jour-là, il s'était senti plus faible encore et plus malade que de coutume; mais, à
peine assis, il lui sembla que son mal empi-
rait. Il avait appuyé sa tête contre le sein de
sa sœur d'infortune, et, tout d'un coup, il
s'échappa de ses bras et tomba à la renverse
sur les degrés de la porte. Sans un stimulant
vigoureux, c'en était fait de lui, ou du moins
il serait tombé pour jamais dans un état de
faiblesse irrémédiable. Et dans cette crise de
sa destinée, ce fut la créature perdue qui lui
tendit la main de salut, elle qui n'avait connu
le monde que par l'outrage et l'injustice. Elle
poussa un cri de terreur, et, sans perdre une
seconde, elle courut dans Oxford-street, d'où
elle revint presque aussitôt avec un verre de
porto épicé, dont l'action réparatrice fut merveilleuse sur un estomac vide qui n'aurait pu
d'ailleurs supporter aucune nourriture solide. « O ma jeune bienfaitrice! combien de
fois, dans les années postérieures, jeté dans

des lieux solitaires, et rêvant de toi avec un cœur plein de tristesse et de véritable amour, combien de fois ai-je souhaité que la bénédiction d'un cœur oppressé par la reconnaissance eût cette prérogative et cette puissance surnaturelles que les anciens attribuaient à la malédiction d'un père, poursuivant son objet avec la rigueur indéfectible d'une fatalité! — que ma gratitude pût, elle aussi, recevoir du ciel la faculté de te poursuivre, de te hanter, de te guetter, de te surprendre, de t'atteindre jusque dans les ténèbres épaisses d'un bouge de Londres, ou même, s'il était possible, dans les ténèbres du tombeau, pour te réveiller avec un message authentique de paix, de pardon et de finale réconciliation! »

Pour sentir de cette façon, il faut avoir souffert beaucoup, il faut être un de ces cœurs que le malheur ouvre et amollit, au contraire de ceux qu'il ferme et durcit. Le Bédouin de la civilisation apprend dans le Saharah des grandes villes bien des motifs d'attendrisse-

ment qu'ignore l'homme dont la sensibilité
est bornée par le *home* et la famille. Il y a dans
le *barathrum* des capitales, comme dans le désert, quelque chose qui fortifie et qui façonne
le cœur de l'homme, qui le fortifie d'une autre manière, quand il ne le déprave pas et ne
l'affaiblit pas jusqu'à l'abjection et jusqu'au
suicide.

Un jour, peu de temps après cet accident,
il fit dans Albemarle-street la rencontre d'un
ancien ami de son père, qui le reconnut à son
air de famille ; il répondit à toutes ses questions avec candeur, ne lui cacha rien, mais
exigea de lui sa parole qu'il ne le livrerait pas
à ses tuteurs. Enfin il lui donna son adresse
chez son hôte, le singulier attorney. Le jour
suivant, il recevait dans une lettre, que celui-ci lui remettait fidèlement, une bank-
note de dix livres.

Le lecteur peut s'étonner que le jeune
homme n'ait pas cherché dès le principe un
remède contre la misère, soit dans un travail

régulier, soit en demandant assistance aux anciens amis de sa famille. Quant à cette dernière ressource, il y avait danger évident à s'en servir. Les tuteurs pouvaient être avertis, et la loi leur donnait tout pouvoir pour ramener de force le jeune homme dans l'école qu'il avait fuie. Or, une énergie qui se rencontre souvent dans les caractères les plus féminins et les plus sensibles lui donnait le courage de supporter toutes les privations et tous les dangers plutôt que de risquer une aussi humiliante éventualité. D'ailleurs, où les trouver, ces amis de son père mort il y avait alors dix ans, amis dont il avait oublié les noms, pour la plupart du moins? Quant au travail, il est certain qu'il aurait pu trouver une rémunération passable dans la correction des épreuves de grec, et qu'il se sentait très-capable de remplir ces fonctions d'une manière exemplaire ; mais encore, comment s'ingénier pour se faire présenter à un éditeur honorable? Enfin, pour tout dire, il

7:

avoue qu'il ne lui était jamais entré dans la
pensée que le travail littéraire pût devenir
pour lui la source d'un profit quelconque. Il
n'avait jamais, pour sortir de sa déplorable
situation, caressé qu'un seul expédient, celui
d'emprunter de l'argent sur la fortune qu'il
avait le droit d'attendre. Enfin, il était parvenu à faire la connaissance de quelques
juifs, que l'attorney en question servait dans
leurs affaires ténébreuses. Leur prouver qu'il
avait de réelles espérances, là n'était pas le
difficile, ses assertions pouvant être vérifiées
avec le testament de son père aux *Doctors'
commons*. Mais restait une question absolument imprévue pour lui, celle de l'identité
de personne. Il exhiba alors quelques lettres
que de jeunes amis, entre autres le comte
de...., et même son père le marquis de.....,
lui avaient écrites pendant qu'il habitait le
pays de Galles, et qu'il portait toujours dans
sa poche. Les juifs daignèrent enfin promettre deux ou trois cents livres, à la condition

que le jeune comte de..... (qui par parenthèse
n'était guère plus âgé que lui), consentirait à
en garantir le remboursement à l'époque de
leur majorité. On devine que le but du prêteur n'était pas seulement de tirer un profit
quelconque d'une affaire, fort minime après
tout pour lui, mais d'entrer en relations avec
le jeune comte, dont il connaissait l'immense
fortune à venir. Aussi, à peine ses dix livres
reçues, notre jeune vagabond se prépare-t-il
à partir pour Eton. Trois livres à peu près
sont laissées au futur prêteur pour payer les
actes à rédiger; quelque argent est aussi
donné à l'attorney pour l'indemniser de son
hospitalité sans meubles; quinze schellings
sont employés à faire un peu de toilette
(quelle toilette!); enfin la pauvre Ann a aussi
sa part dans cette bonne fortune. Par une
sombre soirée d'hiver il se dirige vers Piccadilly, accompagné de la pauvre fille, avec intention de descendre jusqu'à Salt-Hill avec la
malle de Bristol. Comme ils ont encore du

temps devant eux, ils entrent dans Golden-
square et s'asseyent au coin de Sherrard-
street, pour éviter le tumulte et les lumières
de Piccadilly. Il lui avait bien promis de ne
pas l'oublier et de lui venir en aide aussitôt
que cela lui serait possible. En vérité c'était là
un devoir, et même un devoir impérieux,
et il sentait dans ce moment sa tendresse
pour cette sœur de hasard multipliée par la
pitié que lui inspirait son extrême abattement. Malgré toutes les atteintes que sa santé
avait reçues, il était, lui, comparativement
joyeux et même plein d'espérances, tandis
que Ann était mortellement triste. Au moment des adieux, elle lui jeta ses bras autour
du cou, et se mit à pleurer sans prononcer
une seule parole. Il espérait revenir au plus
tard dans une semaine, et il fut convenu entre eux qu'à partir du cinquième soir, et chaque soir suivant, elle viendrait l'attendre à
six heures au bas de Great-Titchfield-street,
qui était comme leur port habituel et leur

lieu de repos dans la grande Méditerranée
d'Oxford-street. Il croyait ainsi avoir bien pris
toutes ses précautions pour la retrouver; il
n'en avait oublié qu'une seule : Ann ne lui
avait jamais dit son nom de famille, ou, si
elle le lui avait dit, il l'avait oublié comme
chose de peu d'importance. Les femmes ga-
lantes à grandes prétentions, grandes liseuses
de romans, se font appeler volontiers *miss
Douglas, miss Montague*, etc., mais les plus
humbles parmi ces pauvres filles ne se font
connaître que par leur nom de baptême,
Mary, Jane, Frances, etc. D'ailleurs Ann était
en ce moment affligée d'un rhume et d'un
enrouement violents, et tout occupé dans ce
moment suprême à la réconforter de bonnes
paroles et à lui conseiller de bien prendre
garde à son rhume, il oublia totalement de lui
demander son second nom, qui était le moyen
le plus sûr de retrouver sa trace au cas d'un
rendez-vous manqué ou d'une interruption
prolongée dans leurs rapports.

J'abrége vivement les détails du voyage,
qui n'est illustré que par la tendresse et la
charité d'un gros sommelier, sur la poitrine
et dans les bras duquel notre héros, assoupi
par sa faiblesse et par le roulis de la voiture,
s'endort comme sur un sein de nourrice, —
et par un long sommeil en plein air entre
Slough et Eton; car il avait été obligé de
revenir à pied sur ses pas, s'étant brusquement réveillé dans les bras de son voisin,
après avoir dépassé sans le savoir Salt-Hill de
six ou sept milles. Arrivé au but du voyage,
il apprend que le jeune lord n'est plus à
Eton. En désespoir de cause, il demande à
déjeuner à lord D...., autre ancien camarade,
avec lequel pourtant sa liaison était beaucoup
moins intime. C'était la première bonne table
à laquelle il lui fût permis de s'asseoir depuis bien des mois, et cependant il ne put
toucher à rien. A Londres déjà, le jour même
où il avait reçu sa bank-note, il avait acheté
deux petits pains dans la boutique d'un bou-

langer, et cette boutique, il la dévorait des
yeux depuis deux mois ou six semaines avec
une intensité de désir dont le souvenir lui
était presque une humiliation. Mais le pain
tant désiré l'avait rendu malade, et pendant
plusieurs semaines encore il lui fut impossible de toucher sans danger à un mets quelconque. Au milieu même du luxe et du *comfort*, l'appétit avait disparu. Quant il eut
expliqué à lord D..... la situation lamentable
de son estomac, celui-ci fit demander du vin,
ce qui fut une grande joie. — Quant à l'objet
réel du voyage, le service qu'il se proposait
de demander au comte de...., et qu'il demande à son défaut à lord D...., il ne peut
l'obtenir absolument, c'est-à-dire que celui-
ci, ne voulant pas le mortifier par un complet
refus, consent à donner sa garantie, mais
dans de certains termes et à de certaines conditions. Réconforté par cette moitié de succès,
il rentre dans Londres, après trois jours d'absence, et retourne chez ses amis les juifs.

Malheureusement, les prêteurs d'argent refusent d'accepter les conditions de lord D....,
et son épouvantable existence aurait pu recommencer, avec plus de danger cette fois,
si au début de cette nouvelle crise, par un hasard qu'il ne nous explique pas, une ouverture ne lui avait été faite de la part de ses tuteurs, et si une pleine réconciliation n'avait pas changé sa vie. Il quitte Londres en toute hâte, et enfin, au bout de quelque temps, se rend à l'université. Ce ne fut que plusieurs mois plus tard qu'il put revoir le théâtre de ses souffrances de jeunesse.

Mais la pauvre Ann, qu'en est-il advenu? Chaque soir, il l'a cherchée; chaque soir il l'a attendue au coin de Titchfield-street. Il s'est enquis d'elle auprès de tous ceux qui pouvaient la connaître; pendant les dernières heures de son séjour à Londres il a mis en œuvre, pour la retrouver, tous les moyens à sa disposition. Il connaissait la rue où elle logeait, mais non la maison; d'ailleurs il

croyait vaguement se rappeler qu'avant leurs
adieux elle avait été obligée de fuir la brutalité de son hôtelier. Parmi les gens auxquels il s'adressait, les uns, à l'ardeur de ses
questions, jugeaient les motifs de sa recherche déshonnêtes et ne répondaient que par
le rire; d'autres, croyant qu'il était en quête
d'une fille qui lui avait volé quelque baga-
telle, étaient naturellement peu disposés à
se faire dénonciateurs. Enfin, avant de quitter
Londres définitivement, il a laissé sa future
adresse à une personne qui connaissait Ann
de vue, et cependant il n'en a plus jamais
entendu parler. Ç'a été parmi les troubles
de la vie sa plus lourde affliction. Notez que
l'homme qui parle ainsi est un homme grave,
aussi recommandable par la spiritualité de
ses mœurs que par la hauteur de ses écrits.

« Si elle a vécu, nous avons dû souvent
nous chercher mutuellement à travers l'immense labyrinthe de Londres; peut-être, à
quelques pas l'un de l'autre, distance suffi-

sante, dans une rue de Londres, pour créer
une séparation éternelle ! Pendant quelques
années, j'ai espéré qu'elle vivait, et je crois
bien que dans mes différentes excursions à
Londres j'ai examiné plusieurs milliers de
visages féminins, dans l'espérance de ren-
contrer le sien. Si je la voyais une seconde,
je la reconnaîtrais entre mille ; car, bien
qu'elle ne fût pas jolie, elle avait l'expression douce, avec une allure de tête particulièrement gracieuse. Je l'ai cherchée, dis-je,
avec espoir. Oui, pendant des années ! mais
maintenant je craindrais de la voir ; et ce
terrible rhume, qui m'effrayait tant quand
nous nous quittâmes, fait aujourd'hui ma
consolation. Je ne désire plus la voir, mais
je rêve d'elle, et non sans plaisir, comme
d'une personne étendue depuis longtemps
dans le tombeau, — dans le tombeau d'une
Madeleine, j'aimerais à le croire, — enlevée
à ce monde avant que l'outrage et la barbarie
n'aient maculé et défiguré sa nature ingénue,

ou que la brutalité des chenapans n'ait complété la ruine de celle à qui ils avaient porté les premiers coups.

» Ainsi donc, Oxford-street, marâtre au cœur de pierre, toi qui as écouté les soupirs des orphelins et bu les larmes des enfants, j'étais enfin délivré de toi ! Le temps était venu où je ne serais plus condamné à arpenter douloureusement tes interminables trottoirs, à m'agiter dans d'affreux rêves ou dans une insomnie affamée ! Ann et moi, nous avons eu nos successeurs trop nombreux qui ont foulé les traces de nos pas ; héritiers de nos calamités, d'autres orphelins ont soupiré ; des larmes ont été versées par d'autres enfants ; et toi, Oxford-street, tu as depuis lors répété l'écho des gémissements de cœurs innombrables. Mais pour moi la tempête à laquelle j'avais survécu semblait avoir été le gage d'une belle saison prolongée..... »

Ann a-t-elle tout-à-fait disparu ? Oh ! non ! nous la reverrons dans les mondes de l'opium ;

fantôme étrange et transfiguré, elle surgira
lentement dans la fumée du souvenir, comme
le génie des *Mille et une Nuits* dans les vapeurs
de la bouteille. Quant au *mangeur d'opium*,
les douleurs de l'enfance ont jeté en lui des
racines profondes qui deviendront arbres, et
ces arbres jetteront sur tous les objets de la
vie leur ombrage funèbre. Mais ces douleurs
nouvelles, dont les dernières pages de la
partie biographique nous donnent le pres-
sentiment, seront supportées avec courage,
avec la fermeté d'un esprit mûr, et grande-
ment allégées par la sympathie la plus profonde et la plus tendre. Ces pages contiennent
l'invocation la plus noble et les actions de
grâces les plus tendres à une compagne cou-
rageuse, toujours assise au chevet où repose
ce cerveau hanté par les Euménides. L'Oreste
de l'opium a trouvé son Electre, qui pendant
des années a essuyé sur son front les sueurs
de l'angoisse et rafraîchi ses lèvres parche-
minées par la fièvre. « Car tu fus mon Electre,

chère compagne de mes années postérieures!
et tu n'as pas voulu que l'épouse anglaise fût
vaincue par la sœur grecque en noblesse d'esprit non plus qu'en affection patiente! » Autrefois, dans ses misères de jeune homme,
tout en rôdant dans Oxford-street, dans les
nuits pleines de lune, il plongeait souvent
ses regards (et c'était sa pauvre consolation)
dans les avenues qui traversent le cœur de
Mary-le-bone et qui conduisent jusqu'à la
campagne; et, voyageant en pensée sur ces
longues perspectives coupées de lumière et
d'ombre, il se disait : « Voilà la route vers le
nord, voilà la route vers...., et si j'avais les
ailes de la tourterelle, c'est par là que je
prendrais mon vol pour aller chercher du
réconfort! » Homme, comme tous les hommes, aveugle dans ses désirs! Car c'était là-
bas, au nord, en cet endroit même, dans cette
même vallée, dans cette maison tant désirée,
qu'il devait trouver ses nouvelles souffrances
et toute une compagnie de cruels fantômes.

Mais là aussi demeure l'Electre aux bontés
réparatrices, et maintenant encore, quand,
homme solitaire et pensif, il arpente l'immense Londres, le cœur serré par des chagrins innommables qui réclament le doux
baume de l'affection domestique, en regardant les rues qui s'élancent d'Oxford-street
vers le nord, et en songeant à l'Electre bien-
aimée qui l'attend dans cette même vallée,
dans cette même maison, l'homme s'écrie,
comme autrefois l'enfant : « Oh! si j'avais les
ailes de la tourterelle, c'est par là que je
m'envolerais pour aller chercher la consolation! »

Le prologue est fini, et je puis promettre
au lecteur, sans crainte de mentir, que le
rideau ne se relèvera que sur la plus étonnante, la plus compliquée et la plus splendide vision qu'ait jamais allumée sur la neige
du papier le fragile outil du littérateur.

III

VOLUPTÉS DE L'OPIUM

Ainsi que je l'ai dit au commencement, ce
fut le besoin d'alléger les douleurs d'une or-
ganisation débilitée par ces déplorables aventures de jeunesse, qui engendra chez l'auteur
de ces mémoires l'usage fréquent d'abord,
ensuite quotidien, de l'opium. Que l'envie
irrésistible de renouveler les voluptés mystérieuses découvertes dès le principe l'ait induit
à répéter fréquemment ses expériences, il ne
le nie pas, il l'avoue même avec candeur ; il
invoque seulement le bénéfice d'une excuse.
Mais la première fois que lui et l'opium firent

connaissance, ce fut dans une circonstance
triviale. Pris un jour d'un mal de dents, il
attribua ses douleurs à une interruption d'hygiène, et, comme il avait, depuis l'enfance,
l'habitude de plonger chaque jour sa tête
dans l'eau froide, il eut imprudemment re-
cours à cette pratique, dangereuse dans le cas
présent. Puis il se recoucha, les cheveux tout
ruisselants. Il en résulta une violente douleur
rhumatismale dans la tête et dans la face, qui
ne dura pas moins de vingt jours. Le vingt
et unième, un dimanche pluvieux d'automne,
en 1804, comme il errait dans les rues de
Londres pour se distraire de son mal (c'était
la première fois qu'il revoyait Londres depuis
son entrée à l'université), il fit la rencontre
d'un camarade qui lui recommanda l'opium.
Une heure après qu'il eut absorbé la teinture
d'opium, dans la quantité prescrite par le
pharmacien, toute douleur avait disparu.
Mais ce bénéfice, qui lui avait paru si grand
tout à l'heure, n'était plus rien auprès des

plaisirs nouveaux qui lui furent ainsi soudainement révélés. Quel enlèvement de l'esprit ! Quels mondes intérieurs ! Etait-ce donc là la panacée, le *pharmakon népenthès* pour toutes les douleurs humaines ?

« Le grand secret du bonheur sur lequel les philosophes avaient disputé pendant tant de siècles était donc décidément découvert ! On pouvait acheter le bonheur pour un penny et l'emporter dans la poche de son gilet ; l'extase se laisserait enfermer dans une bouteille, et la paix de l'esprit pourrait s'expédier par la diligence ! Le lecteur croira peut-être que je veux rire, mais c'est chez moi une vieille habitude de plaisanter dans la douleur, et je puis affirmer que celui-là ne rira pas longtemps, qui aura entretenu commerce avec l'opium. Ses plaisirs sont même d'une nature grave et solennelle, et, dans son état le plus heureux, le mangeur d'opium ne peut pas se présenter avec le caractère de l'*allegro;*

8

même alors il parle et pense comme il convient au *penseroso*. »

L'auteur veut avant tout venger l'opium de certaines calomnies : l'opium n'est pas assoupissant, pour l'intelligence du moins; il n'enivre pas; si le laudanum, pris en quantité trop grande, peut enivrer, ce n'est pas à cause de l'opium, mais de l'esprit qui y est contenu. Il établit ensuite une comparaison entre les effets de l'alcool et ceux de l'opium, et il définit très-nettement leurs différences : ainsi le plaisir causé par le vin suit une marche ascendante, au terme de laquelle il va décroissant, tandis que l'effet de l'opium, une fois créé, reste égal à lui-même pendant huit ou dix heures; l'un, plaisir aigu; l'autre, plaisir chronique; ici, un flamboiement; là, une ardeur égale et soutenue. Mais la grande différence gît surtout en ceci, que le vin trouble les facultés mentales, tandis que l'opium y introduit l'ordre suprême et l'harmonie. Le vin prive l'homme du gouverne-

ment de soi-même, et l'opium rend ce gouvernement plus souple et plus calme. Tout le
monde sait que le vin donne une énergie
extraordinaire, mais momentanée, au mépris
et à l'admiration, à l'amour et à la haine.
Mais l'opium communique aux facultés le
sentiment profond de la discipline et une
espèce de santé divine. Les hommes ivres de
vin se jurent une amitié éternelle, se serrent
les mains et répandent des larmes, sans que
personne puisse comprendre pourquoi ; la
partie sensuelle de l'homme est évidemment
montée à son apogée. Mais l'expansion des
sentiments bienveillants causée par l'opium
n'est pas un accès de fièvre ; c'est plutôt
l'homme primitivement bon et juste, res-
tauré et réintégré dans son état naturel, dégagé de toutes les amertumes qui avaient
occasionnellement corrompu son noble tempérament. Enfin, quelque grands que soient
les bénéfices du vin, on peut dire qu'il frise
souvent la folie ou, tout au moins, l'extra-

vagance, et qu'au delà d'une certaine limite il volatilise, pour ainsi dire, et disperse l'énergie intellectuelle; tandis que l'opium semble toujours apaiser ce qui a été agité et concentrer ce qui a été disséminé. En un mot, c'est la partie purement humaine, trop souvent même la partie brutale de l'homme, qui, par l'auxiliaire du vin, usurpe la souveraineté, au lieu que le mangeur d'opium sent pleinement que la partie épurée de son être et ses affections morales jouissent de leur maximum de souplesse, et, avant tout, que son intelligence acquiert une lucidité consolante et sans nuages.

L'auteur nie également que l'exaltation intellectuelle produite par l'opium soit nécessairement suivie d'un abattement proportionnel, et que l'usage de cette drogue engendre, comme conséquence naturelle et immédiate, une stagnation et une torpeur des facultés. Il affirme que pendant un espace de dix ans il a toujours joui, dans la journée

qui suivait sa débauche, d'une remarquable
santé intellectuelle. Quant à cette torpeur,
dont tant d'écrivains ont parlé, et à laquelle
a surtout fait croire l'abrutissement des Turcs,
il affirme ne l'avoir jamais connue. Que l'o-
pium, conformément à la qualification sous
laquelle il est rangé, agisse vers la fin comme
narcotique, cela est possible; mais ses premiers effets sont toujours de stimuler et
d'exalter l'homme, cette élévation de l'esprit
ne durant jamais moins de huit heures; de
sorte que c'est la faute du mangeur d'opium,
s'il ne règle pas sa médication de manière à
faire tomber sur son sommeil naturel tout
le poids de l'influence narcotique. Pour que
le lecteur puisse juger si l'opium est propre
à stupéfier les facultés d'un cerveau anglais,
il donnera, dit-il, deux échantillons de ses
jouissances, et traitant la question par *illus-
trations* plutôt que par arguments, il racon-
tera la manière dont il employait souvent *ses
soirées d'opium* à Londres, dans la période de

temps comprise entre 1804 et 1812. Il était
alors un rude travailleur, et, tout son temps
étant rempli par de sévères études, il croyait
bien avoir le droit de chercher de temps à
autre, comme tous les hommes, le soulagement et la récréation qui lui convenaient le
mieux.

« Vendredi prochain, s'il plaît à Dieu, je
me propose d'être ivre, » disait le feu duc
de...., et notre auteur fixait ainsi d'avance
quand et combien de fois dans un temps
donné il se livrerait à sa débauche favorite.
C'était une fois toutes les trois semaines, rarement plus, généralement le mardi soir ou
le samedi soir, jours d'opéra. C'étaient les
beaux temps de la Grassini. La musique en-
trait alors dans ses oreilles, non pas comme
une simple succession logique de sons agréables, mais comme une série de *memoranda*,
comme les accents d'une sorcellerie qui évoquait devant l'œil de son esprit toute sa vie
passée. La musique interprétée et illumi-

née par l'opium, telle était cette débauche intellectuelle, dont tout esprit un peu raffiné
peut aisément concevoir la grandeur et l'intensité. Beaucoup de gens demandent quelles
sont les idées positives contenues dans les
sons; ils oublient, ou plutôt ils ignorent que
la musique, de ce côté-là parente de la poésie, représente des sentiments plutôt que des
idées; suggérant des idées, il est vrai, mais ne
les contenant pas par elle-même. Toute sa vie
passée vivait, dit-il, en lui, non pas par un
effort de la mémoire, mais comme présente et
incarnée dans la musique; elle n'était plus
douloureuse à contempler; toute la trivialité
et la crudité inhérentes aux choses humaines
étaient exclues de cette mystérieuse résurrection, ou fondues et noyées dans une brume
idéale, et ses anciennes passions se trouvaient
exaltées, ennoblies, spiritualisées. Combien
de fois dut-il revoir sur ce second théâtre,
allumé dans son esprit par l'opium et la musique, les routes et les montagnes qu'il avait

parcourues, écolier émancipé, et ses aimables
hôtes du pays de Galles, et les ténèbres coupées d'éclairs des immenses rues de Londres,
et ses mélancoliques amitiés, et ses longues
misères consolées par Ann et par l'espoir d'un
meilleur avenir ! Et puis, dans toute la salle,
pendant les intervalles des entr'actes, les conversations italiennes et la musique d'une langue étrangère parlée par des femmes ajou-
taient encore à l'enchantement de cette soirée ; car on sait qu'ignorer une langue rend
l'oreille plus sensible à son harmonie. De
même nul n'est plus apte à savourer un paysage que celui qui le contemple pour la première fois, la nature se présentant alors avec
toute son étrangeté, n'ayant pas encore été
émoussée par un trop fréquent regard.

Mais quelquefois, le samedi soir, une autre
tentation d'un goût plus singulier et non
moins enchanteur triomphait de son amour
pour l'opéra italien. La jouissance en question, assez alléchante pour rivaliser avec la

musique, pourrait s'appeler le dilettantisme
dans la charité. L'auteur a été malheureux
et singulièrement éprouvé, abandonné tout
jeune au tourbillon indifférent d'une grande
capitale. Quand même son esprit n'eût pas été,
comme le lecteur a dû le remarquer, d'une
nature bonne, délicate et affectueuse, on
pourrait aisément supposer qu'il a appris,
dans ses longues journées de vagabondage et
dans ses nuits d'angoisse encore plus longues,
à aimer et à plaindre le pauvre. L'ancien écolier veut revoir cette vie des humbles ; il veut
se plonger au sein de cette foule de déshérités,
et, comme le nageur embrasse la mer et entre
ainsi en contact plus direct avec la nature, il
aspire à prendre, pour ainsi dire, un bain de
multitude. Ici, le ton du livre s'élève assez
haut pour que je me fasse un devoir de laisser
la parole à l'auteur lui-même :

« Ce plaisir, comme je l'ai dit, ne pouvait
avoir lieu que le samedi soir. En quoi le samedi soir se distinguait-il de tout autre soir ?

8.

De quels labeurs avais-je donc à me reposer?
quel salaire à recevoir? Et qu'avais-je à m'inquiéter du samedi soir, sinon comme d'une in-
vitation à entendre la Grassini? C'est vrai, très-
logique lecteur, et ce que vous dites est irréfutable. Mais les hommes donnent un cours varié
à leurs sentiments, et, tandis que la plupart
d'entre eux témoignent de leur intérêt pour
les pauvres en sympathisant d'une manière
ou d'une autre avec leurs misères et leurs
chagrins, j'étais porté à cette époque à exprimer mon intérêt pour eux en sympathisant
avec leurs plaisirs. J'avais récemment vu les
douleurs de la pauvreté; je les avais trop bien
vues pour aimer à en raviver le souvenir;
mais les plaisirs du pauvre, les consolations
de son esprit, les délassements de sa fatigue
corporelle, ne peuvent jamais devenir une
contemplation douloureuse. Or, le samedi soir
marque le retour du repos périodique pour le
pauvre; les sectes les plus hostiles s'unissent
en ce point et reconnaissent ce lien commun

de fraternité ; ce soir-là presque toute la chré-
tienté se repose de son labeur. C'est un repos
qui sert d'introduction à un autre repos ; un
jour entier et deux nuits le séparent de la prochaine fatigue. C'est pour cela que le samedi
soir il me semble toujours que je suis moi-
même affranchi de quelque joug de labeur,
que j'ai moi-même un salaire à recevoir, et
que je vais pouvoir jouir du luxe du repos.
Aussi, pour être témoin, sur une échelle
aussi large que possible, d'un spectacle avec
lequel je sympathisais si profondément, j'a-
vais coutume, le samedi soir, après avoir
pris mon opium, de m'égarer au loin, sans
m'inquiéter du chemin ni de la distance, vers
tous les marchés où les pauvres se rassem-
blent pour dépenser leurs salaires. J'ai épié et
écouté plus d'une famille, composée d'un
homme, de sa femme et d'un ou deux enfants, pendant qu'ils discutaient leurs projets, leurs moyens, la force de leur budget ou
le prix d'articles domestiques. Graduellement

je me familiarisai avec leurs désirs, leurs embarras ou leurs opinions. Il m'arrivait quelquefois d'entendre des murmures de mécon-
tentement, mais le plus souvent leurs physionomies et leurs paroles exprimaient la
patience, l'espoir et la sérénité. Et je dois
dire à ce sujet que le pauvre, pris en général,
est bien plus philosophe que le riche, en ce
qu'il montre une résignation plus prompte
et plus gaie à ce qu'il considère comme un
mal irrémédiable ou une perte irréparable.
Toutes les fois que j'en trouvais l'occasion, ou
que je pouvais le faire sans paraître indiscret,
je me mêlais à eux, et, à propos du sujet en
discussion, je donnais mon avis, qui, s'il n'é-
tait pas toujours judicieux, était toujours reçu
avec bienveillance. Si les salaires avaient un
peu haussé, ou si l'on s'attendait à les voir
hausser prochainement, si la livre de pain
était un peu moins chère, ou si le bruit cou-
rait que les oignons et le beurre allaient bientôt baisser, je me sentais heureux ; mais si le

contraire arrivait, je tirais de mon opium des
moyens de consolation. Car l'opium (semblable à l'abeille qui tire indifféremment ses matériaux de la rose et de la suie des cheminées)
possède l'art d'assujettir tous les sentiments
et de les régler à son diapason. Quelques-
unes de ces promenades m'entraînaient à de
grandes distances ; car un mangeur d'opium
est trop heureux pour observer la fuite du
temps. Et quelquefois, dans un effort pour
remettre le cap sur mon logis, en fixant, d'a-
près les principes nautiques, mes yeux sur
l'étoile polaire, cherchant ambitieusement
mon passage au nord-ouest, pour éviter de dou-
bler de nouveau tous les caps et les promon-
toires que j'avais rencontrés dans mon premier voyage, j'entrais soudainement dans des
labyrinthes de ruelles, dans des énigmes de
culs-de-sac, dans des problèmes de rues sans
issue, faits pour bafouer le courage des por-
tefaix et confondre l'intelligence des cochers
de fiacre. J'aurais pu croire parfois que je ve-

nais de découvrir, moi le premier, quelques-
unes de ces *terræ incognitæ*, et je doutais
qu'elles eussent été indiquées sur les cartes
modernes de Londres. Mais, au bout de quelques années, j'ai payé cruellement toutes ces
fantaisies, *alors que la face humaine est venue
tyranniser mes rêves,* et quand mes vagabon-
dages perplexes au sein de l'immense Londres se sont reproduits dans mon sommeil,
avec un sentiment de perplexité morale et intellectuelle qui apportait la confusion dans
ma raison et l'angoisse et le remords dans ma
conscience..... »

Ainsi l'opium n'engendre pas, de nécessité,
l'inaction ou la torpeur, puisqu'au contraire il
jetait souvent notre rêveur dans les centres les
plus fourmillants de la vie commune. Cependant les théâtres et les marchés ne sont pas
généralement les hantises préférées d'un mangeur d'opium, surtout quand il est dans son
état parfait de jouissance. La foule est alors
pour lui comme une oppression; la musique

elle-même a un caractère sensuel et grossier.
Il cherche plutôt la solitude et le silence,
comme conditions indispensables de ses ex-
tases et de ses rêveries profondes. Si d'abord
l'auteur de ces *confessions* s'est jeté dans la
foule et dans le courant humain, c'était pour
réagir contre un trop vif penchant à la rêverie
et à une noire mélancolie, résultat de ses
souffrances de jeunesse. Dans les recherches
de la science, comme dans la société des
hommes, il fuyait une espèce d'hypocondrie.
Plus tard, quand sa vraie nature fut rétablie,
et que les ténèbres des anciens orages furent
dissipées, il crut pouvoir sans danger sacrifier à son goût pour la vie solitaire. Plus d'une
fois, il lui est arrivé de passer toute une belle
nuit d'été, assis près d'une fenêtre, sans bou-
ger, sans même désirer de changer de place,
depuis le coucher jusqu'au lever du soleil;
remplissant ses yeux de la vaste perspective de
la mer et d'une grande cité, et son esprit, des
longues et délicieuses méditations suggérées

par ce spectacle. Une grande allégorie naturelle s'étendait alors devant lui :

« La ville, estompée par la brume et les
molles lueurs de la nuit, représentait la terre,
avec ses chagrins et ses tombeaux, situés loin
derrière, mais non totalement oubliés, ni
hors de la portée de ma vue. L'Océan, avec
sa respiration éternelle, mais couvé par un
vaste calme, personnifiait mon esprit et l'influence qui le gouvernait alors. Il me semblait que, pour la première fois, je me tenais
à distance et en dehors du tumulte de la vie ;
que le vacarme, la fièvre et la lutte étaient
suspendus ; qu'un répit était accordé aux secrètes oppressions de mon cœur ; un repos fé-
rié ; une délivrance de tout travail humain.
L'espérance qui fleurit dans les chemins de la
vie ne contredisait plus la paix qui habite
dans les tombes ; les évolutions de mon intelligence me semblaient aussi infatigables que
les cieux, et cependant toutes les inquiétudes
étaient aplanies par un calme alcyonien ; c'é-

tait une tranquillité qui semblait le résultat, non pas de l'inertie, mais de l'antagonisme majestueux de forces égales et puissantes; activités infinies, infini repos !

» O juste, subtil et puissant opium !.... tu possèdes les clefs du paradis !..... »

C'est ici que se dressent ces étranges actions de grâces, élancements de la reconnaissance, que j'ai rapportées textuellement au début de ce travail, et qui pourraient lui servir d'épigraphe. C'est comme le bouquet qui termine la fête. Car bientôt le décor va s'assombrir, et les tempêtes s'amoncelleront dans la nuit.

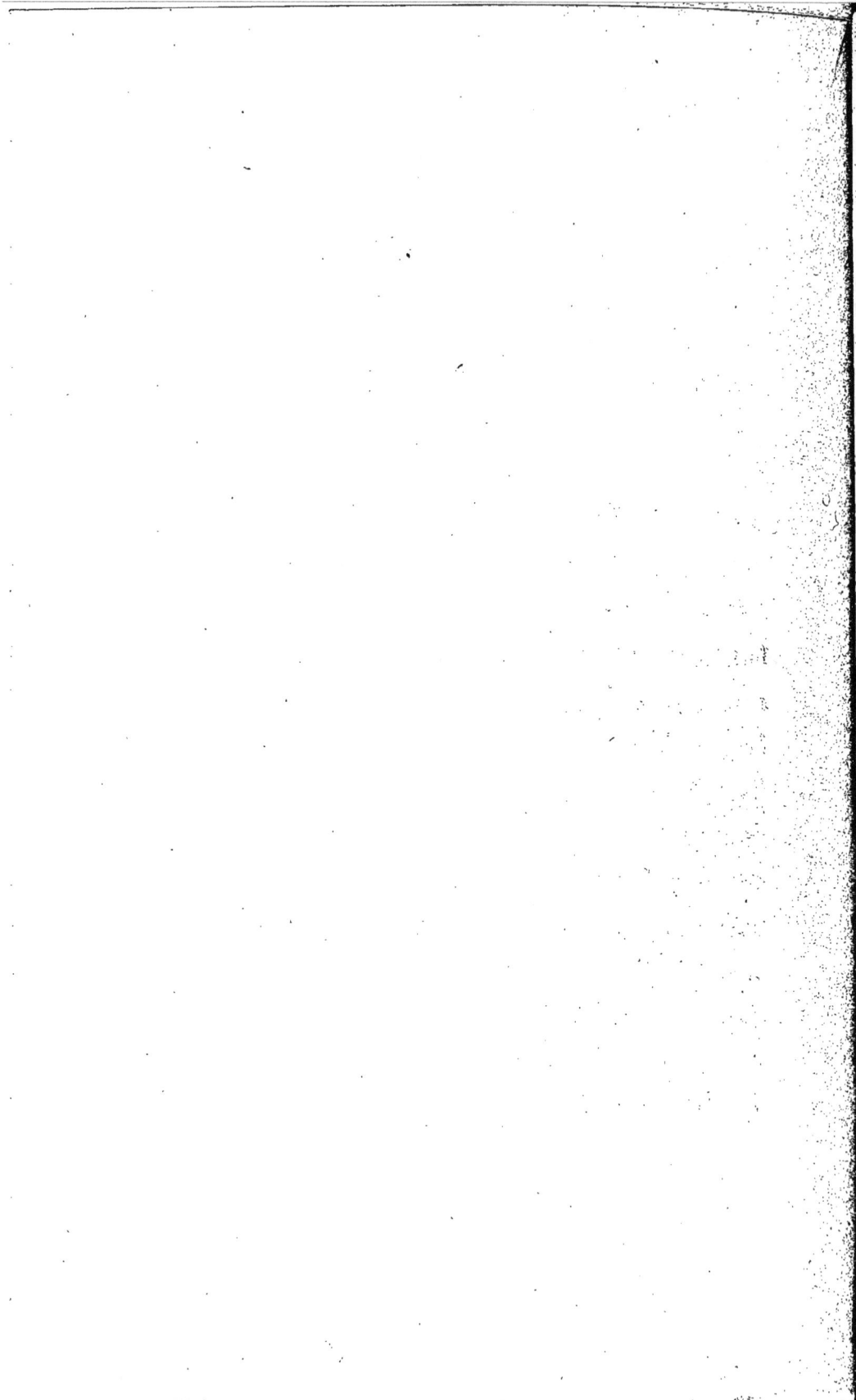

IV

TORTURES DE L'OPIUM

C'est en 1804 qu'il a fait, pour la première fois, connaissance avec l'opium. Huit années se sont écoulées, heureuses et ennoblies par l'étude. Nous sommes maintenant en 1812. Loin, bien loin d'Oxford, à une distance de deux cent cinquante milles, enfermé dans une retraite au fond des montagnes, que fait maintenant notre héros (certes, il mérite bien ce titre)? Eh mais! il prend de l'opium! Et quoi encore? Il étudie la métaphysique allemande; il lit Kant, Fichte, Schelling. Enseveli dans un petit cottage, avec une seule servante, il voit s'écouler les heures sérieuses et tranquilles. Et pas marié? pas encore. Et toujours de l'opium? chaque samedi soir. Et ce régime a duré impudemment depuis le fameux dimanche pluvieux de 1804? hélas! oui! Mais la santé, après cette longue et régulière débauche? Jamais, dit-il, il ne s'est mieux porté que dans le printemps de 1812. Remarquons que, jusqu'à présent, il n'a été qu'un dilettante, et que l'opium n'est pas encore devenu pour lui une hygiène quotidienne. Les doses ont toujours été modérées et prudemment séparées par un intervalle de quelques jours. Peut-être cette prudence et cette modération avaient-elles retardé l'apparition des terreurs vengeresses. En 1813 commence une ère nouvelle. Pendant l'été précédent un événement douloureux, qu'il ne nous explique pas, avait frappé assez fortement son esprit pour réagir même sur sa santé physique; dès 1813, il était attaqué d'une effrayante irritation de l'estomac, qui ressemblait étonnamment à celle dont il avait tant souffert dans ses nuits d'angoisse, au fond de la maison du procureur, et qui était accompagnée de tous ses anciens rêves morbides. Voici enfin la grande justification ! A quoi bon s'étendre sur cette crise et en détailler tous les incidents ? La lutte fut longue, les douleurs fatigantes et insupportables, et la délivrance était toujours là, à portée de la main. Je dirais volontiers à tous ceux qui ont désiré un baume, un népenthès, pour des douleurs quotidiennes, troublant l'exercice régulier de leur vie et bafouant tout l'effort de leur volonté, à tous ceux-là, malades d'esprit, malades de corps, je dirais : que celui de vous qui est sans péché, soit d'action, soit d'intention, jette à notre malade la première pierre ! Ainsi, c'est chose entendue; d'ailleurs, il vous supplie de le croire, quand il commença à prendre de l'opium quotidiennement, il y avait urgence, nécessité, fatalité; vivre autrement n'était pas possible. Et puis sont-ils donc si nombreux, ces braves qui savent affronter patiemment, avec une énergie renouvelée de minute en minute, la douleur, la torture, toujours présente, jamais fatiguée, en vue d'un bénéfice vague et lointain? Tel qui semble si courageux et si patient n'a pas eu si grand mérite à vaincre, et tel qui a résisté peu de temps a déployé dans ce peu de temps une vaste énergie méconnue. Les tempéraments humains ne sont-ils pas aussi infiniment variés que les doses chimiques? « Dans l'état nerveux où je suis, il m'est aussi impossible de supporter *un moraliste inhumain, que l'opium qu'on n'a pas fait bouillir !* » Voilà une belle sentence, une irréfutable sentence. Il ne s'agit plus de circonstances atténuantes, mais de circonstances absolvantes.

Enfin, cette crise de 1813 eut une issue, et cette issue, on la devine. Demander désormais à notre solitaire si tel jour il a pris ou n'a pas pris d'opium, autant s'informer *si ses poumons ont respiré ce jour-là,* ou *si son cœur a accompli ses fonctions.* Plus de carême d'opium, plus de rhamadan, plus d'abstinence! L'opium fait partie de la vie! Peu de temps avant 1816, l'année la plus belle, la plus limpide de son existence, nous dit-il, il était descendu soudainement et presque sans effort, de trois cent vingt grains d'opium, c'est-à-dire huit mille gouttes de laudanum, par jour, à quarante grains, diminuant ainsi son étrange nourriture des sept huitièmes. Le nuage de profonde mélancolie qui s'était abaissé sur son cerveau se dissipa en un jour comme par magie, l'agilité spirituelle reparut, et il put de nouveau croire au bonheur. Il ne prenait plus que mille gouttes de laudanum par jour (quelle tempérance!). C'était comme un été de la Saint-Martin spirituel. Et il relut Kant, et il le comprit ou crut le comprendre. De nouveau abondait en lui cette légèreté, cette gaieté d'esprit, — tristes mots pour traduire l'intraduisible, — également favorables au travail et à l'exercice

de la fraternité. Cet esprit de bienveillance
et de complaisance pour le prochain, disons
plus, de charité, qui ressemble un peu (cela
soit insinué sans intention de manquer de
respect à un auteur aussi grave) à la charité
des ivrognes, s'exerça un beau jour, de la
manière la plus bizarre et la plus spontanée,
au profit d'un Malais. — Notez bien ce Malais;
nous le reverrons plus tard; il reparaîtra,
multiplié d'une manière terrible. Car qui
peut calculer la force de reflet et de réper-
cussion d'un incident quelconque dans la vie
d'un rêveur? Qui peut penser, sans frémir,
à l'infini élargissement des cercles dans les
ondes spirituelles agitées par une pierre de
hasard? — Donc, un jour, un Malais frappe
à la porte de cette retraite silencieuse. Qu'a-
vait à faire un Malais dans les montagnes de
l'Angleterre? Peut-être se dirigeait-il vers un
port situé à quarante milles de là. La servante, née dans la montagne, qui ne savait
pas plus la langue malaise que l'anglais, et

qui n'avait jamais vu un turban de sa vie, fut
singulièrement épouvantée. Mais, se rappelant
que son maître était un savant, et présumant
qu'il devait parler toutes les langues de la
terre, peut-être même celles de la lune, elle
courut le chercher pour le prier d'exorciser
le démon qui s'était installé dans la cuisine.
C'était un contraste curieux et amusant que
celui de ces deux visages se regardant l'un
l'autre ; l'un, marqué de fierté saxonne,
l'autre, de servilité asiatique ; l'un, rose et
frais ; l'autre, jaune et bilieux, illuminé de
petits yeux mobiles et inquiets. Le savant,
pour sauver son honneur aux yeux de sa
servante et de ses voisins, lui parla en grec ;
le Malais répondit sans doute en malais ; ils
ne s'entendirent pas, et tout se passa bien.
Celui-ci se reposa sur le sol de la cuisine
pendant une heure, et puis il fit mine de se
remettre en route. Le pauvre Asiatique, s'il
venait de Londres à pied, n'avait pas pu,
depuis trois semaines, échanger une pensée

9

quelconque avec une créature humaine. Pour
consoler les ennuis probables de cette vie
solitaire , notre auteur, supposant qu'un
homme de ces contrées devait connaître l'o-
pium, lui fit cadeau, avant son départ, d'un
gros morceau de la précieuse substance. Peut-
on concevoir une manière plus noble d'entendre l'hospitalité? Le Malais, par l'expression de sa physionomie, montra bien qu'il
connaissait l'opium, et il ne fit qu'une bou-
chée d'un morceau qui aurait pu tuer plusieurs personnes. Il y avait, certes, de quoi
inquiéter un esprit charitable; mais on n'entendit parler dans le pays d'aucun cadavre de
Malais trouvé sur la grande route; cet étrange
voyageur était donc suffisamment familiarisé
avec le poison, et le résultat désiré par la
charité avait été obtenu.

Alors, ai-je dit, le mangeur d'opium était
encore heureux; vrai bonheur de savant et de
solitaire amoureux du *comfort* : un charmant
cottage, une belle bibliothèque, patiemment

et délicatement amassée; et l'hiver faisant rage dans la montagne. Une jolie habitation ne rend-elle pas l'hiver plus poétique, et l'hiver n'augmente-t-il pas la poésie de l'habitation? Le blanc cottage était assis au fond d'une petite vallée fermée de montagnes suffisamment hautes; il était comme emmaillotté d'arbustes qui répandaient une tapisserie de fleurs sur les murs et faisaient aux fenêtres un cadre odorant, pendant le printemps, l'été et l'automne; cela commençait par l'aubépine et finissait par le jasmin. Mais la belle saison, la saison du bonheur, pour un homme de rêverie et de méditation comme lui, c'est l'hiver, et l'hiver dans sa forme la plus rude. Il y a des gens qui se félicitent d'obtenir du ciel un hiver bénin, et qui sont heureux de le voir partir. Mais lui, il demande annuellement au ciel autant de neige, de grêle et de gelée qu'il en peut contenir. Il lui faut un hiver canadien, un hiver russe; il lui en faut pour son argent. Son nid en

sera plus chaud, plus doux, plus aimé : les
bougies allumées à quatre heures, un bon
foyer, de bons tapis, de lourds rideaux ondoyant jusque sur le plancher, une belle fai-
seuse de thé, et le thé depuis huit heures
du soir jusqu'à quatre heures du matin. Sans
hiver, aucune de ces jouissances n'est possible; *tout* le *comfort* exige une température
rigoureuse; cela coûte cher d'ailleurs; notre
rêveur a donc bien le droit d'exiger que
l'hiver paye honnêtement sa dette, comme
lui la sienne. Le salon est petit et sert à deux
fins. On pourrait plus proprement l'appeler
la bibliothèque; c'est là que sont accumulés
cinq mille volumes, achetés un à un, vraie
conquête de la patience. Un grand feu brille
dans la cheminée; sur le plateau sont posées
deux tasses et deux soucoupes; car la charitable Electre qu'il nous a fait pressentir em-
bellit le cottage de toute la sorcellerie de ses
angéliques sourires. A quoi bon décrire sa
beauté? Le lecteur pourrait croire que cette

puissance de lumière est purement physique et appartient au domaine du pinceau terrestre. Et puis, n'oublions pas la fiole de laudanum, une vaste carafe, ma foi! car nous sommes trop loin des pharmaciens de Londres pour renouveler fréquemment notre provision; un livre de métaphysique allemande traîne sur la table, qui témoigne des éternelles ambitions intellectuelles du propriétaire. — Paysage de montagnes, retraite silencieuse, luxe ou plutôt bien-être solide, vaste loisir pour la méditation, hiver rigoureux, propre à concentrer les facultés de l'esprit, oui, c'était bien le bonheur, ou plutôt les dernières lueurs du bonheur, une intermittence dans la fatalité, un jubilé dans le malheur; car nous voici touchant à l'époque funeste où « il faut dire adieu à cette douce béatitude, adieu pour l'hiver comme pour l'été, adieu aux sourires et aux rires, adieu à la paix de l'esprit, adieu à l'espérance et aux rêves paisibles, adieu aux consolations

bénies du sommeil ! » Pendant plus de trois
ans, notre rêveur sera comme un exilé, chassé
du territoire du bonheur commun, car il est
arrivé maintenant à « *une Iliade de calamités,
il est arrivé aux tortures de l'opium.* » Sombre
époque, vaste réseau de ténèbres, déchiré à
intervalles par de riches et accablantes visions ;

C'était comme si un grand peintre eût trempé
Son pinceau dans la noirceur du tremblement de terre
    et de l'éclipse.

Ces vers de Shelley, d'un caractère si solennel et si véritablement miltonien, rendent
bien la couleur d'un paysage opiacé, s'il est
permis de parler ainsi ; c'est bien là le ciel
morne et l'horizon imperméable qui enve-
loppent le cerveau asservi par l'opium. L'infini dans l'horreur et dans la mélancolie, et,
plus mélancolique que tout, l'impuissance de
s'arracher soi-même au supplice !

Avant d'aller plus loin, notre pénitent
(nous pourrions de temps en temps l'appeler
de ce nom, bien qu'il appartienne, selon
toute apparence, à une classe de pénitents
toujours prêts à retomber dans leur péché)
nous avertit qu'il ne faut pas chercher un
ordre très-rigoureux dans cette partie de son
livre, un ordre chronologique du moins.
Quand il l'écrivit, il était seul à Londres,
incapable de bâtir un récit régulier avec des
amas de souvenirs pesants et répugnants, et
exilé loin des mains amies qui savaient classer
ses papiers et avaient coutume de lui rendre
tous les services d'un secrétaire. Il écrit sans
précaution, presque sans pudeur désormais,
se supposant devant un lecteur indulgent, à
quinze ou vingt ans au delà de l'époque présente; et voulant simplement, avant tout,
établir un mémoire d'une période désastreuse,
il le fait avec tout l'effort dont il est encore
capable aujourd'hui, ne sachant trop si plus
tard il en trouvera la force ou l'occasion.

Mais pourquoi, lui dira-t-on, ne pas vous être affranchi des horreurs de l'opium, soit en l'abandonnant, soit en diminuant les doses? Il a fait de longs et douloureux efforts pour réduire la quantité; mais ceux qui furent témoins de ces lamentables batailles, de ces agonies successives, furent les premiers à le supplier d'y renoncer. Pourquoi n'avoir pas diminué la dose d'une goutte par jour, ou n'en avoir pas atténué la puissance par une addition d'eau? Il a calculé qu'il lui aurait fallu plusieurs années pour obtenir par ce moyen une victoire incertaine. D'ailleurs tous les amateurs d'opium savent qu'avant de parvenir à un certain degré, on peut toujours réduire la dose sans difficulté, et même avec plaisir, mais que, cette dose une fois dépassée, toute réduction cause des douleurs intenses. Mais pourquoi ne pas consentir à un abattement momentané, de quelques jours? Il n'y a pas d'abattement; ce n'est pas en cela que consiste la douleur. La diminution de

l'opium augmente, au contraire, la vitalité ;
le pouls est meilleur ; la santé se perfectionne ;
mais il en résulte une effroyable irritation de
l'estomac, accompagnée de sueurs abondantes
et d'une sensation de malaise général, qui
naît du manque d'équilibre entre l'énergie
physique et la santé de l'esprit. En effet, il
est facile de comprendre que le corps, la
partie terrestre de l'homme, que l'opium
avait victorieusement pacifiée et réduite à
une parfaite soumission, veuille reprendre
ses droits, pendant que l'empire de l'esprit,
qui jusqu'alors avait été uniquement favorisé,
se trouve diminué d'autant. C'est un équilibre
rompu qui veut se rétablir, et ne peut plus
se rétablir sans crise. Même en ne tenant pas
compte de l'irritation de l'estomac et des
transpirations excessives, il est facile de se
figurer l'angoisse d'un homme nerveux, dont
la vitalité serait singulièrement réveillée, et
l'esprit inquiet et inactif. Dans cette terrible
situation, le malade généralement considère

9.

le mal comme préférable à la guérison, et donne tête baissée dans sa destinée.

Le mangeur d'opium avait depuis long-temps interrompu ses études. Quelquefois, à la requête de sa femme et d'une autre dame qui venait prendre le thé avec eux, il consentait à lire à haute voix les poésies de Wordsworth. Par accès, il mordait encore momentanément aux grands poètes; mais sa vraie vocation, la philosophie, était complétement négligée. La philosophie et les mathématiques réclament une application constante et soutenue, et son esprit reculait maintenant devant ce devoir journalier avec une intime et désolante conscience de sa faiblesse. Un grand ouvrage, auquel il avait juré de donner toutes ses forces, et dont le titre lui avait été fourni par les *reliquiæ* de Spinosa : *De emendatione humani intellectus*, restait sur le chantier, inachevé et pendant, avec la tournure désolée de ces grandes bâtisses entreprises par des gouvernements prodigues

ou des architectes imprudents. Ce qui devait
être, dans la postérité, la preuve de sa force
et de son dévouement à la cause de l'humanité, ne servirait donc que de témoignage
de sa faiblesse et de sa présomption. Heureusement l'économie politique lui restait encore, comme un amusement. Bien qu'elle
doive être considérée comme une science,
c'est-à-dire comme un tout organique, cependant quelques-unes de ses parties inté-
grantes en peuvent être détachées et consi-
dérées isolément. Sa femme lui lisait de temps
à autre les débats du parlement ou les nou-
veautés de la librairie en matière d'économie
politique; mais, pour un littérateur profond
et érudit, c'était là une triste nourriture;
pour quiconque a manié la logique, ce sont
les rogatons de l'esprit humain. Un ami d'E-
dimbourg, cependant, lui envoya en 1819 un
livre de Ricardo, et avant d'avoir achevé le
premier chapitre, se rappelant qu'il avait lui-
même prophétisé la venue d'un législateur de

cette science, il s'écriait : « Voilà l'homme ! »
L'étonnement et la curiosité étaient ressus-
cités. Mais sa plus grande, sa plus délicieuse
surprise était qu'il pût encore s'intéresser
à une lecture quelconque. Son admiration
pour Ricardo en fut naturellement augmen-
tée. Un si profond ouvrage était-il véritablement né en Angleterre, au XIXe siècle ? Car
il supposait que toute pensée était morte en
Angleterre. Ricardo avait d'un seul coup
trouvé la loi, créé la base ; il avait jeté un
rayon de lumière dans tout ce ténébreux
chaos de matériaux, où s'étaient perdus ses
devanciers. Notre rêveur tout enflammé, tout
rajeuni, réconcilié avec la pensée et le travail,
se met à écrire, ou plutôt il dicte à sa compagne. Il lui semblait que l'œil scrutateur
de Ricardo avait laissé fuir quelques vérités
importantes, dont l'analyse, réduite par les
procédés algébriques, pouvait faire la matière
d'un intéressant petit volume. De cet effort
de malade résultèrent les *Prolégomènes pour*

tous les systèmes futurs d'économie politique (1).
Il avait fait des arrangements avec un imprimeur de province, demeurant à dix-huit milles de son habitation ; on avait même, dans le but de composer l'ouvrage plus vite, engagé un compositeur supplémentaire ; le livre avait été annoncé deux fois ; mais, hélas ! il restait une préface à écrire (la fatigue d'une préface !) et une magnifique dédicace à M. Ricardo ; quel labeur pour un cerveau débilité par les délices d'une orgie permanente ! O humiliation d'un auteur nerveux, tyrannisé par l'atmosphère intérieure ! L'impuissance se dressa, terrible, infranchissable, comme les glaces du pôle ; tous les arrangements furent contremandés, le compositeur congédié, et les *Prolégomènes,* honteux, se couchèrent, pour longtemps, à côté de leur frère aîné, le fameux livre suggéré par Spinosa.

(1) Quoi que dise De Quincey sur son impuissance spirituelle, ce livre, ou quelque chose d'analogue, ayant trait à Ricardo, a paru postérieurement. Voir le catalogue de ses œuvres complètes.

Horrible situation ! avoir l'esprit fourmil-
lant d'idées, et ne plus pouvoir franchir le
pont qui sépare les campagnes imaginaires
de la rêverie des moissons positives de l'action ! Si celui qui me lit maintenant a connu
les nécessités de la production, je n'ai pas
besoin de lui décrire le désespoir d'un noble
esprit, clairvoyant, habile, luttant contre
cette damnation d'un genre si particulier.
Abominable enchantement ! Tout ce que j'ai
dit sur l'amoindrissement de la volonté dans
mon étude sur le haschisch est applicable à
l'opium. Répondre à des lettres ? travail gi-
gantesque, remis d'heure en heure, de jour
en jour, de mois en mois. Affaires d'argent?
harassante puérilité. L'économie domestique
est alors plus négligée que l'économie politique. Si un cerveau débilité par l'opium
était tout entier débilité, si, pour me servir
d'une ignoble locution, il était totalement
abruti, le mal serait évidemment moins
grand, ou du moins plus tolérable. Mais un

mangeur d'opium ne perd aucune de ses as-
pirations morales; il voit le devoir, il l'aime;
il veut remplir toutes les conditions du possible; mais sa puissance d'exécution n'est
plus à la hauteur de sa conception. Exécuter!
que dis-je? peut-il même essayer? C'est le
poids d'un cauchemar écrasant toute la volonté. Notre malheureux devient alors une
espèce de Tantale, ardent à aimer son devoir,
impuissant à y courir; un esprit, *un pur esprit*,
hélas! condamné à désirer ce qu'il ne peut
acquérir; un brave guerrier, insulté dans ce
qu'il a de plus cher, et fasciné par une fatalité
qui lui ordonne de garder le lit, où il se con-
sume dans une rage impuissante!

Ainsi le châtiment était venu, lent mais
terrible. Hélas! ce n'était pas seulement par
cette impuissance spirituelle qu'il devait se
manifester, mais aussi par des horreurs d'une
nature plus cruelle et plus positive. Le premier symptôme qui se fit voir dans l'économie
physique du mangeur d'opium est curieux à

noter. C'est le point de départ, le germe de
toute une série de douleurs. Les enfants sont,
en général, doués de la singulière faculté d'a-
percevoir, ou plutôt de créer, sur la toile féconde des ténèbres tout un monde de visions
bizarres. Cette faculté, chez les uns, agit parfois sans leur volonté. Mais quelques autres
ont la puissance de les évoquer ou de les con-
gédier à leur gré. Par un cas semblable notre
narrateur s'aperçut qu'il redevenait enfant.
Déjà vers le milieu de 1817, cette dangereuse
faculté le tourmentait cruellement. Couché,
mais éveillé, des processions funèbres et
magnifiques défilaient devant ses yeux; d'interminables bâtiments se dressaient, d'un caractère antique et solennel. Mais les rêves du
sommeil participèrent bientôt des rêves de la
veille, et tout ce que son œil évoquait dans les
ténèbres se reproduisit dans son sommeil avec
une splendeur inquiétante, insupportable.
Midas changeait en or tout ce qu'il touchait,
et se sentait martyrisé par cet ironique pri-

vilége. De même le mangeur d'opium trans-
formait en réalités inévitables tous les objets
de ses rêveries. Toute cette fantasmagorie, si
belle et si poétique qu'elle fût en apparence,
était accompagnée d'une angoisse profonde et
d'une noire mélancolie. Il lui semblait, chaque nuit, qu'il descendait indéfiniment dans
des abîmes sans lumière, au-delà de toute
profondeur connue, sans espérance de pouvoir remonter. Et, même après le réveil, per-
sistait une tristesse, une désespérance voisine
de l'anéantissement. Phénomène analogue à
quelques-uns de ceux qui se produisent dans
l'ivresse du haschisch, le sentiment de l'espace et, plus tard, le sentiment de la durée
furent singulièrement affectés. Monuments et
paysages prirent des formes trop vastes pour
ne pas être une douleur pour l'œil humain.
L'espace s'enfla, pour ainsi dire, à l'infini.
Mais l'expansion du temps devint une angoisse encore plus vive; les sentiments et les
idées qui remplissaient la durée d'une nuit

représentaient pour lui la valeur d'un siècle.
En outre les plus vulgaires événements de
l'enfance, des scènes depuis longtemps ou-
bliées se reproduisirent dans son cerveau, vi-
vants d'une vie nouvelle. Eveillé, il ne s'en
serait peut-être pas souvenu; mais dans le
sommeil, il les *reconnaissait* immédiatement.
De même que l'homme qui se noie revoit,
dans la minute suprême de l'agonie, toute sa
vie comme dans un miroir; de même que le
damné lit, en une seconde, le terrible compte-
rendu de toutes ses pensées terrestres; de
même que les étoiles voilées par la lumière
du jour reparaissent avec la nuit, de même
aussi toutes les inscriptions gravées sur la mémoire inconsciente reparurent comme par
l'effet d'une encre sympathique.

L'auteur *illustre* les principales caractéristiques de ses rêves par quelques échantillons
d'une nature étrange et redoutable; un, entre
autres, où par la *logique* particulière qui gouverne les événements du sommeil, deux élé-

ments historiques très-distants se juxtà-posent dans son cerveau de la manière la plus bizarre. Ainsi dans l'esprit enfantin d'un campagnard, une tragédie devient parfois le dénouement de la comédie qui a ouvert le spectacle :

« Dans ma jeunesse, et même depuis, j'ai toujours été un grand liseur de Tite-Live; il a toujours fait un de mes plus chers délassements; j'avoue que je le préfère, pour la matière et pour le style, à tout autre historien romain, et j'ai senti toute l'effrayante et solennelle sonorité, toute l'énergique représentation de la majesté du peuple romain dans ces deux mots qui reviennent si souvent à travers les récits de Tite-Live : *Consul Romanus;* particulièrement quand le consul se présente avec son caractère militaire. Je veux dire que les mots : roi, sultan, régent, ou tous autres titres appartenant aux hommes qui personnifient en eux la majesté d'un grand peuple, n'avaient pas puissance pour m'ins-

pirer le même respect. Bien que je ne sois pas
un grand liseur de choses historiques, je m'é-
tais également familiarisé, d'une manière
minutieuse et critique, avec une certaine période de l'histoire d'Angleterre, la période de
la guerre du Parlement, qui m'avait attiré par
la grandeur morale de ceux qui y ont figuré
et par les nombreux mémoires intéressants
qui ont survécu à ces époques troublées. Ces
deux parties de mes lectures de loisir, ayant
souvent fourni matière à mes réflexions, four-
nissaient maintenant une pâture à mes rêves.
Il m'est arrivé souvent de voir, pendant que
j'étais éveillé, une sorte de répétition de théâtre, se peignant plus tard sur les ténèbres
complaisantes, — une foule de dames, — peut-
être une fête et des danses. Et j'entendais
qu'on disait, ou je me disais à moi-même :
« Ce sont les femmes et les filles de ceux qui
s'assemblaient dans la paix, qui s'asseyaient
aux mêmes tables, et qui étaient alliés par le
mariage ou par le sang; et cependant, depuis

un certain jour d'août 1642, ils ne se sont plus jamais souri et ne se sont désormais rencontrés que sur les champs de bataille; et à Marston-Moor, à Newbury ou à Naseby, ils ont tranché tous les liens de l'amour avec le sabre cruel, et ils ont effacé avec le sang le souvenir des amitiés anciennes. » Les dames dansaient, et elles semblaient aussi séduisantes qu'à la cour de Georges IV. Cependant je savais, même dans mon rêve, qu'elles étaient dans le tombeau depuis près de deux siècles. Mais toute cette pompe devait se dissoudre soudainement; à un claquement de mains, se faisaient entendre ces mots dont le son me remuait le cœur : *Consul Romanus!* et immédiatement arrivait, balayant tout devant lui, magnifique dans son manteau de campagne, Paul-Emile ou Marius, entouré d'une compagnie de centurions, faisant hisser la tunique rouge au bout d'une lance, et suivi de l'effrayant hourra des légions romaines. »

D'étonnantes et monstrueuses architectures

se dressaient dans son cerveau, semblables à
ces constructions mouvantes que l'œil du
poète aperçoit dans les nuages colorés par le
soleil couchant. Mais bientôt à ces rêves de
terrasses, de tours, de remparts, montant à
des hauteurs inconnues et s'enfonçant dans
d'immenses profondeurs, succédèrent des lacs
et de vastes étendues d'eau. L'eau devint l'é-
lément obsédant. Nous avons déjà noté, dans
notre travail sur le haschisch, cette étonnante
prédilection du cerveau pour l'élément liquide et pour ses mystérieuses séductions. Ne
dirait-on pas qu'il y a une singulière parenté
entre ces deux excitants, du moins dans leurs
effets sur l'imagination, ou, si l'on préfère
cette explication, que le cerveau humain, sous
l'empire d'un excitant, s'éprend plus volontiers de certaines images? Les eaux changèrent
bientôt de caractère, et les lacs transparents,
brillants comme des miroirs, devinrent des
mers et des océans. Et puis une métamor-
phose nouvelle fit de ces eaux magnifiques,

inquiétantes seulement par leur fréquence et
par leur étendue, un affreux tourment. Notre
auteur avait trop aimé la foule, s'était trop
délicieusement plongé dans les mers de la
multitude, pour que la face humaine ne prît
pas dans ses rêves une part despotique. Et
alors se manifesta ce qu'il a déjà appelé, je
crois, *la tyrannie de la face humaine.* « Alors
sur les eaux mouvantes de l'Océan commença
à se montrer le visage de l'homme; la mer
m'apparut pavée d'innombrables têtes tournées vers le ciel; des visages furieux, sup-
pliants, désespérés, se mirent à danser à la
surface, par milliers, par myriades, par générations, par siècles; mon agitation devint infinie, et mon esprit bondit et roula comme les
lames de l'Océan. »

Le lecteur a déjà remarqué que depuis longtemps l'homme n'évoque plus les images,
mais que les images s'offrent à lui, spontané-
ment, despotiquement. Il ne peut pas les con-
gédier; car la volonté n'a plus de force et ne

gouverne plus les facultés. La mémoire poétique, jadis source infinie de jouissances, est
devenue un arsenal inépuisable d'instruments
de supplices.

En 1818, le Malais dont nous avons parlé le
tourmentait cruellement; c'était un visiteur
insupportable. Comme l'espace, comme le
temps, le Malais s'était multiplié. Le Malais
était devenu l'Asie elle-même; l'Asie antique, solennelle, monstrueuse et compliquée
comme ses temples et ses religions; où tout,
depuis les aspects les plus ordinaires de la vie
jusqu'aux souvenirs classiques et grandioses
qu'elle comporte, est fait pour confondre et
stupéfier l'esprit d'un Européen. Et ce n'était
pas seulement la Chine, bizarre et artificielle,
prodigieuse et vieillotte comme un conte de
fées, qui opprimait son cerveau. Cette image
appelait naturellement l'image voisine de
l'Inde, si mystérieuse et si inquiétante pour un
esprit de l'Occident; et puis la Chine et l'Inde
formaient bientôt avec l'Egypte une triade

menaçante, un cauchemar complexe, aux angoisses variées. Bref, le Malais avait évoqué
tout l'immense et fabuleux Orient. Les pages
suivantes sont trop belles pour que je les
abrège :

« J'étais chaque nuit transporté par cet
homme au milieu de tableaux asiatiques. Je
ne sais si d'autres personnes partagent mes
sentiments en ce point ; mais j'ai souvent
pensé que, si j'étais forcé de quitter l'Angleterre et de vivre en Chine, parmi les modes,
les manières et les décors de la vie chinoise, je
deviendrais fou. Les causes de mon horreur
sont profondes, et quelques-unes doivent être
communes à d'autres hommes. L'Asie méridionale est en général un siége d'images terribles et de redoutables associations d'idées ;
seulement comme berceau du genre humain,
elle doit exhaler je ne sais quelle vague sensation d'effroi et de respect. Mais il existe d'autres raisons. Aucun homme ne prétendra que
les étranges, barbares et capricieuses supers-

10

titions de l'Afrique, ou des tribus sauvages de toute autre contrée, puissent l'affecter de la même manière que les vieilles, monumentales, cruelles et compliquées religions de l'Indoustan. L'antiquité des choses de l'Asie, de ses institutions, de ses annales, des modes de sa foi, a pour moi quelque chose de si frappant, la vieillesse de la race et des noms, quelque chose de si dominateur, qu'elle suffit pour annihiler la jeunesse de l'individu. Un jeune Chinois m'apparaît comme un homme antédiluvien renouvelé. Les Anglais eux-mêmes, bien qu'ils n'aient pas été nourris dans la connaissance de pareilles institutions, ne peuvent s'empêcher de frissonner devant la mystique sublimité de ces castes, qui ont suivi chacune un cours à part, et ont refusé de mêler leurs eaux pendant des périodes de temps immémoriales. Aucun homme ne peut ne pas être pénétré de respect par les noms du Gange et de l'Euphrate. Ce qui ajoute beaucoup à de tels sentiments, c'est que l'Asie méridionale est et a été, depuis des milliers d'années, la partie de la terre la plus fourmillante de vie humaine, la grande *officina gentium*. L'homme, dans ces contrées, pousse comme l'herbe. Les vastes empires, dans lesquels a toujours été moulée la population énorme de l'Asie, ajoutent une grandeur de plus aux sentiments que comportent les images et les noms orientaux. En Chine surtout, négligeant ce qu'elle a de commun avec le reste de l'Asie méridionale, je suis terrifié par les modes de la vie, par les usages, par une répugnance absolue, par une barrière de sentiments qui nous séparent d'elle et qui sont trop profonds pour être analysés. Je trouverais plus commode de vivre avec des lunatiques ou avec des brutes. Il faut que le lecteur entre dans toutes ces idées et dans bien d'autres encore, que je ne puis dire ou que je n'ai pas le temps d'exprimer, pour comprendre toute l'horreur qu'imprimaient dans mon esprit ces rêves d'imagerie orientale et de tortures mythologiques.

» Sous les deux conditions connexes de
chaleur tropicale et de lumière verticale,
je ramassais toutes les créatures, oiseaux,
bêtes, reptiles, arbres et plantes, usages et
spectacles, que l'on trouve communément
dans toute la région des tropiques, et je les
jetais pêle-mêle en Chine ou dans l'Indoustan. Par un sentiment analogue, je m'empa-
rais de l'Egypte et de tous ses dieux, et les
faisais entrer sous la même loi. Des singes, des
perroquets, des kakatoës me regardaient fixe-
ment, me huaient, me faisaient la grimace,
ou jacassaient sur mon compte. Je me sauvais
dans des pagodes, et j'étais, pendant des siècles,
fixé au sommet, ou enfermé dans des chambres
secrètes. J'étais l'idole; j'étais le prêtre; j'étais
adoré; j'étais sacrifié. Je fuyais la colère de
Brahma à travers toutes les forêts de l'A-
sie; Vishnû me haïssait; Siva me tendait une
embûche. Je tombais soudainement chez Isis
et Osiris; j'avais fait quelque chose, disait-on,
j'avais commis un crime qui faisait frémir

l'ibis et le crocodile. J'étais enseveli, pendant
un millier d'années, dans des bières de pierre,
avec des momies et des sphinx, dans des cel-
lules étroites au cœur des éternelles pyra-
mides. J'étais baisé par des crocodiles aux baisers cancéreux; et je gisais, confondu avec
une foule de choses inexprimables et visqueu-
ses, parmi les boues et les roseaux du Nil.

» Je donne ainsi au lecteur un léger extrait
de mes rêves orientaux, dont le monstrueux
théâtre me remplissait toujours d'une telle
stupéfaction que l'horreur elle-même y semblait pendant quelque temps absorbée. Mais
tôt ou tard se produisait un reflux de sentiments où l'étonnement à son tour était englouti, et qui me livrait non pas tant à la terreur qu'à une sorte de haine et d'abomina-
tion pour tout ce que je voyais. Sur chaque
être, sur chaque forme, sur chaque menace,
punition, incarcération ténébreuse, planait
un sentiment d'éternité et d'infini qui me
causait l'angoisse et l'oppression de la folie.

Ce n'était que dans ces rêves-là, sauf une ou
deux légères exceptions, qu'entraient les circonstances de l'horreur physique. Mes terreurs jusqu'alors n'avaient été que morales et
spirituelles. Mais ici les agents principaux
étaient de hideux oiseaux, des serpents ou des
crocodiles, principalement ces derniers. Le
crocodile maudit devint pour moi l'objet de
plus d'horreur que presque tous les autres.
J'étais forcé de vivre avec lui, hélas! (c'était
toujours ainsi dans mes rêves) pendant des
siècles. Je m'échappais quelquefois, et je me
trouvais dans des maisons chinoises, meu-
blées de tables en roseau. Tous les pieds des
tables et des canapés semblaient doués de vie;
l'abominable tête du crocodile, avec ses petits
yeux obliques, me regardait partout, de tous
les côtés, multipliée par des répétitions innombrables; et je restais là, plein d'horreur
et fasciné. Et ce hideux reptile hantait si souvent mon sommeil que, bien des fois, le
même rêve a été interrompu de la même fa-

çon ; j'entendais de douces voix qui me parlaient (j'entends tout, même quand je suis assoupi), et immédiatement je m'éveillais. Il était grand jour, plein midi, et mes enfants se tenaient debout, la main dans la main, à côté de mon lit ; ils venaient me montrer leurs souliers de couleur, leurs habits neufs, me faire admirer leur toilette avant d'aller à la promenade. J'affirme que la transition du maudit crocodile et des autres monstres et inexprimables avortons de mes rêves à ces innocentes créatures, à cette simple enfance *humaine*, était si terrible que, dans la puissante et soudaine révulsion de mon esprit, je pleurais, sans pouvoir m'en empêcher, en baisant leurs visages. »

Le lecteur attend peut-être, dans cette galerie d'impressions anciennes répercutées sur le sommeil, la figure mélancolique de la pauvre Ann. A son tour, la voici. L'auteur a remarqué que la mort de ceux qui nous sont chers, et généralement la contemplation de

la mort, affecte bien plus notre âme pendant
l'été que dans les autres saisons de l'année.
Le ciel y paraît plus élevé, plus lointain, plus
infini. Les nuages, par lesquels l'œil apprécie
la distance du pavillon céleste, y sont plus
volumineux et accumulés par masses plus
vastes et plus solides; la lumière et les spectacles du soleil à son déclin sont plus en
accord avec le caractère de l'infini. Mais la
principale raison, c'est que la prodigalité
exubérante de la vie estivale fait un contraste
plus violent avec la stérilité glacée du tombeau. D'ailleurs, deux idées qui sont en rapport d'antagonisme s'appellent réciproquement, et l'une suggère l'autre. Aussi l'auteur
nous avoue que, dans les interminables journées d'été, il lui est difficile de ne pas penser
à la mort; et l'idée de la mort d'une personne
connue ou chérie assiége son esprit plus obsti-
nément pendant la saison splendide. Il lui
sembla, un jour, qu'il était debout à la porte
de son cottage; c'était (dans son rêve) un

dimanche matin du mois de mai, un dimanche de Pâques, ce qui ne contredit en
rien l'almanach des rêves. Devant lui s'étendait le paysage connu, mais agrandi, mais
solennisé par la magie du sommeil. Les montagnes étaient plus élevées que les Alpes, et
les prairies et les bois, situés à leurs pieds,
infiniment plus étendus; les haies, parées de
roses blanches. Comme c'était de fort grand
matin, aucune créature vivante ne se faisait
voir, excepté des bestiaux qui se reposaient
dans le cimetière sur des tombes verdoyantes,
et particulièrement autour de la sépulture
d'un enfant qu'il avait tendrement chéri (cet
enfant avait été réellement enseveli ce même
été; et un matin, avant le lever du soleil,
l'auteur avait réellement vu ces animaux se
reposer auprès de cette tombe). Il se dit alors :
« Il y a encore assez longtemps à attendre
avant le lever du soleil; c'est aujourd'hui dimanche de Pâques; c'est le jour où l'on célèbre les premiers fruits de la résurrection.

10

J'irai me promener dehors ; j'oublierai au
jourd'hui mes vieilles peines ; l'air est frais et
calme ; les montagnes sont hautes et s'éten-
dent au loin vers le ciel ; les clairières de la
forêt sont aussi paisibles que le cimetière ; la
rosée lavera la fièvre de mon front ; et ainsi
je cesserai enfin d'être malheureux. » Et il
allait ouvrir la porte du jardin, quand le
paysage, à gauche, se transforma. C'était bien
toujours un dimanche de Pâques, de grand
matin ; mais le décor était devenu oriental.
Les coupoles et les dômes d'une grande cité
dentelaient vaguement l'horizon (peut-être
était-ce le souvenir de quelque image d'une
Bible contemplée dans l'enfance). Non loin
de lui, sur une pierre, et ombragée par des
palmiers de Judée, une femme était assise.
C'était Ann !

« Elle tint ses yeux fixés sur moi avec un
regard intense, et je lui dis, à la longue :
« Je vous ai donc enfin retrouvée ! » J'attendais ; mais elle ne me répondit pas un mot.

Son visage était le même que quand je le vis pour la dernière fois, et pourtant, combien il était différent! Dix-sept ans auparavant, quand la lueur du réverbère tombait sur son visage, quand pour la dernière fois je baisai ses lèvres (tes lèvres, Ann! qui pour moi ne portaient aucune souillure), ses yeux ruisselaient de larmes; mais ses larmes étaient maintenant séchées; elle semblait plus belle qu'elle n'était à cette époque, mais d'ailleurs en tous points la même, et elle n'avait pas vieilli. Ses regards étaient tranquilles, mais doués d'une singulière solennité d'expression, et je la contemplais alors avec une espèce de crainte. Tout à coup, sa physionomie s'obscurcit; me tournant du côté des montagnes, j'aperçus des vapeurs qui roulaient entre nous deux; en un instant tout s'était évanoui; d'épaisses ténèbres arrivèrent; et en un clin d'œil je me trouvai loin, bien loin des montagnes, me promenant avec Ann à la lueur des réverbères d'Oxford-street, juste

comme nous nous promenions dix-sept ans
auparavant, quand nous étions, elle et moi,
deux enfants. »

L'auteur cite encore un spécimen de ses
conceptions morbides, et ce dernier rêve (qui
date de 1820) est d'autant plus terrible qu'il
est plus vague, d'une nature plus insaisis-
sable, et que, tout pénétré qu'il soit d'un
sentiment poignant, il se présente dans le
décor mouvant, élastique, de l'indéfini. Je
désespère de rendre convenablement la magie
du style anglais :

« Le rêve commençait par une musique
que j'entends souvent dans mes rêves, une
musique préparatoire, propre à réveiller l'esprit et à le tenir en suspens ; une musique
semblable à l'ouverture du service du cou-
ronnement, et qui, comme celle-ci, donnait
l'impression d'une vaste marche, d'une dé-
filade infinie de cavaleries et d'un piétine-
ment d'armées innombrables. Le matin d'un
jour solennel était arrivé, — d'un jour de

crise et d'espérance finale pour la nature humaine, subissant alors quelque mystérieuse
éclipse et travaillée par quelque angoisse redoutable. Quelque part, je ne sais pas où, —
d'une manière ou d'une autre, je ne savais
pas comment, — par n'importe quels êtres,
je ne les connaissais pas, — une bataille, une
lutte était livrée, — une agonie était subie,
— qui se développait comme un grand drame
ou un morceau de musique; — et la sympathie que j'en ressentais me devenait un supplice à cause de mon incertitude du lieu, de
la cause, de la nature et du résultat possible
de l'affaire. Ainsi qu'il arrive d'ordinaire dans
les rêves, où nécessairement nous faisons de
nous-mêmes le centre de tout mouvement,
j'avais le pouvoir, et cependant je n'avais pas
le pouvoir de la décider; j'avais la puissance,
pourvu que je pusse me hausser jusqu'à vouloir, et néanmoins, je n'avais pas cette puissance, à cause que j'étais accablé sous le poids
de vingt Atlantiques, ou sous l'oppression

d'un crime inexpiable. *Plus profondément que
jamais n'est descendu le plomb de la sonde*, je
gisais immobile, inerte. Alors, comme un
chœur, la passion prenait un son plus profond. Un très-grand intérêt était en jeu, une
cause plus importante que jamais n'en plaida
l'épée ou n'en proclama la trompette. Puis
arrivaient de soudaines alarmes; çà et là des
pas précipités; des épouvantes de fugitifs innombrables. Je ne savais pas s'ils venaient de
la bonne cause ou de la mauvaise : — ténèbres
et lumières; — tempête et faces humaines; —
et à la fin, avec le sentiment que tout était
perdu, paraissaient des formes de femmes,
des visages que j'aurais voulu reconnaître,
au prix du monde entier, et que je ne pouvais
entrevoir qu'un seul instant; — et puis des
mains crispées, des séparations à déchirer le
cœur; — et puis des adieux éternels! et avec
un soupir comme celui que soupirèrent les
cavernes de l'enfer, quand la mère inces-
tueuse proféra le nom abhorré de la Mort,

le son était répercuté : Adieux éternels ! et
puis, et puis encore, d'écho en écho, répercuté : — Adieux éternels !

» Et je m'éveillais avec des convulsions, et
je criais à haute voix : Non ! je ne veux plus
dormir ! »

V

UN FAUX DÉNOUEMENT

De Quincey a singulièrement écourté la fin de son livre, tel, du moins, qu'il parut primitivement. Je me rappelle que la première fois que je le lus, il y a de cela bien des années (et je ne connaissais pas la deuxième partie, *Suspiria de profundis*, qui d'ailleurs n'avait pas paru), je me disais de temps à autre : Quel peut être le dénouement d'un pareil livre ? La mort ? la folie ? Mais l'auteur, parlant sans cesse en son nom personnel, est resté évidemment dans un état de santé, qui, s'il n'est pas tout à fait normal et excellent, lui permet

néanmoins de se livrer à un travail littéraire.
Ce qui me paraissait le plus probable, c'était
le *statu quo*; c'était qu'il s'accoutumât à ses
douleurs, qu'il prît son parti sur les effets redoutables de sa bizarre hygiène; et enfin je
me disais : Robinson peut à la fin sortir de
son île; un navire peut aborder à un rivage,
si inconnu qu'il soit, et en ramener l'exilé
solitaire; mais quel homme peut sortir de
l'empire de l'opium? Ainsi, continuais-je en
moi-même, ce livre singulier, confession vé-
ridique ou pure conception de l'esprit (cette
dernière hypothèse étant tout à fait impro-
bable à cause de l'atmosphère de vérité qui
plane sur tout l'ensemble et de l'accent ini-
mitable de sincérité qui accompagne chaque
détail), est un livre sans dénouement. Il y a
évidemment des livres, comme des aventures,
sans dénouement. Il y a des situations éternelles; et tout ce qui a rapport à l'irremédia-
ble, à l'irréparable, rentre dans cette catégo-
rie. Cependant je me souvenais que le *mangeur*

d'opium avait annoncé quelque part, au commencement, qu'il avait réussi finalement *à dénouer, anneau par anneau, la chaîne maudite qui liait tout son être*. Donc le dénouement était pour moi tout à fait inattendu, et j'avouerai franchement que, quand je le connus, malgré tout son appareil de minutieuse vraisemblance, je m'en défiai instinctivement. J'ignore si le lecteur partagera mon impression à cet égard; mais je dirai que la manière subtile, ingénieuse, par laquelle l'infortuné sort du labyrinthe enchanté où il s'est perdu par sa faute, me parut une invention en faveur d'un certain *cant* britannique, un sacrifice où la vérité était immolée en l'honneur de la pudeur et des préjugés publics. Rappelez-vous combien de précautions il a prises avant de commencer le récit de son *Iliade de maux*, et avec quel soin il a établi le droit de faire des *confessions*, même *profitables*. Tel peuple veut des dénouements *moraux*, et tel autre des dénouements *consolants*. Ainsi les femmes, par

exemple, ne veulent pas que les méchants
soient récompensés. Que dirait le public de
nos théâtres, s'il ne trouvait pas, à la fin du
cinquième acte, la catastrophe voulue par la
justice, qui rétablit l'équilibre normal, ou
plutôt utopique, entre toutes les parties, —
cette catastrophe équitable attendue impa-
tiémment pendant quatre longs actes? Bref,
je crois que le public n'aime pas les *impéni-
tents*, et qu'il les considère volontiers comme
des *insolents*. De Quincey a peut-être pensé de
même, et il s'est mis en règle. Si ces pages,
écrites plus tôt, étaient par hasard tombées
sous ses yeux, j'imagine qu'il aurait daigné
complaisamment sourire de ma défiance précoce et motivée; en tout cas, je m'appuie sur
son texte, si sincère en toute autre occasion et
si pénétrant, et je pourrais déjà annoncer ici
une certaine *troisième prostration devant la noire
idole* (ce qui implique une deuxième) dont
nous aurons à parler plus tard.

Quoi qu'il en soit, voici ce dénouement.

Depuis longtemps, l'opium ne faisait plus sentir son empire par des enchantements, mais par des tortures, et ces tortures (ce qui est parfaitement croyable et en accord avec toutes les expériences relatives à la difficulté de rompre de vieilles habitudes, de quelque nature qu'elles soient) avaient commencé avec les premiers efforts pour se débarrasser de ce tyran journalier. Entre deux agonies, l'une venant de l'usage continué, l'autre de l'hygiène interrompue, l'auteur préféra, nous dit-il, celle qui impliquait une chance de délivrance. « Combien prenais-je d'opium à cette époque, je ne saurais le dire; car l'opium dont j'usais avait été acheté par un mien ami, qui plus tard ne voulut pas être remboursé; de sorte que je ne peux pas déterminer quelle quantité j'absorbai dans l'espace d'une année. Je crois néanmoins que j'en prenais très-irrégulièrement, et que je variais la dose de cinquante ou soixante grains à cent cinquante par jour. Mon premier soin fut de la réduire à quarante, à trente, et enfin, aussi souvent que je le pouvais, à douze grains. » Il ajoute que parmi différents spécifiques dont il essaya, le seul dont il tira profit fut la teinture ammoniacale de valériane. Mais à quoi bon (c'est lui qui parle) continuer ce récit de la convalescence et de la guérison? Le but du livre était de montrer le merveilleux pouvoir de l'opium soit pour le plaisir, soit pour la douleur; le livre est donc fini. La morale du récit s'adresse seulement aux mangeurs d'opium. Qu'ils apprennent à trembler, et qu'ils sachent, par cet exemple extraordinaire, que l'on peut, après dix-sept années d'usage et huit années d'abus de l'opium, renoncer à cette substance. Puissent-ils, ajoute-t-il, développer plus d'énergie dans leurs efforts, et atteindre finalement le même succès !

« Jérémie Taylor conjecture qu'il est peut-être aussi douloureux de naître que de mourir. Je crois cela fort probable; et durant la longue période consacrée à la diminution de

l'opium, j'éprouvai toutes les tortures d'un
homme qui passe d'un mode d'existence à un
autre. Le résultat ne fut pas la mort, mais
une sorte de renaissance physique..... Il me
reste encore comme un souvenir de mon premier état; mes rêves ne sont pas parfaitement
calmes; la redoutable turgescence et l'agitation de la tempête ne sont pas entièrement
apaisées; les légions dont mes songes étaient
peuplés se retirent, mais ne sont pas toutes
parties; mon sommeil est tumultueux, et,
pareil aux portes du Paradis quand nos premiers parents se retournèrent pour les contempler, il est toujours, comme dit le vers effrayant de Milton :

Encombré de faces menaçantes et de bras flamboyants. »

L'appendice (qui date de 1822) est destiné à
corroborer plus minutieusement la vraisemblance de ce dénouement, à lui donner pour
ainsi dire une rigoureuse physionomie médi-

cale. Etre descendu d'une dose de huit mille
gouttes à une dose modérée variant de trois
cents à cent soixante était certainement un
assez magnifique triomphe. Mais l'effort qui
restait à faire demandait encore plus d'énergie
que l'auteur ne s'y attendait, et la nécessité
de cet effort devint de plus en plus manifeste.
Il s'aperçut particulièrement d'un certain en-
durcissement, d'un manque de sensibilité
dans l'estomac, qui semblait présager quelque affection squirreuse. Le médecin affirma
que la continuation de l'usage de l'opium,
quoique en doses réduites, pouvait amener
un pareil résultat. Dès lors, serment d'abjurer
l'opium, de l'abjurer absolument. Le récit de
ses efforts, de ses hésitations, des douleurs
physiques résultant des premières victoires
de la volonté, est vraiment intéressant. Il y a
des diminutions progressives; deux fois il arrive à zéro; puis ce sont des rechutes, rechutes
où il compense largement les abstinences pré-
cédentes. En somme, l'expérience des six pre-

mières semaines donna pour résultat une
effroyable irritabilité dans tout le système,
particulièrement dans l'estomac, qui parfois
revenait à un état de vitalité normale, et
d'autres fois souffrait étrangement; une agitation qui ne cessait ni jour ni nuit; un sommeil (quel sommeil!) de trois heures au plus
sur vingt-quatre, et si léger qu'il entendait les
plus petits bruits autour de lui; la mâchoire
inférieure constamment enflée; des ulcéra-
tions de la bouche et, parmi d'autres symptômes plus ou moins déplorables, de violents
éternuements, qui, d'ailleurs, ont toujours
accompagné ses tentatives de rébellion contre
l'opium (cette espèce nouvelle d'infirmité durait quelquefois deux heures et revenait deux
ou trois fois par jour); de plus, une sensation
de froid, et enfin un rhume effroyable, ce qui
ne s'était jamais produit sous l'empire de
l'opium. Par l'usage des amers, il est parvenu
à ramener l'estomac à l'état normal, c'est-à-
dire à perdre, comme les autres hommes, la

11

conscience des opérations de la digestion. Le quarante-deuxième jour, tous ces symptômes alarmants disparurent enfin pour faire place à d'autres ; mais il ne sait si ceux-là sont des conséquences de l'ancien abus ou de la suppression de l'opium. Ainsi, la transpiration abondante qui, même vers la Noël, accompagnait toute réduction journalière de la dose, avait, dans la saison la plus chaude de l'année, complétement cessé. Mais d'autres souffrances physiques peuvent être attribuées à la température pluvieuse de juillet dans la partie de l'Angleterre où était située son habitation.

L'auteur pousse le soin (toujours pour venir en aide aux infortunés qui pourraient se trouver dans le même cas que lui) jusqu'à nous donner un tableau synoptique, dates et quantités en regard, des cinq premières semaines pendant lesquelles il commença à mener à bien sa glorieuse tentative. On y voit de terribles rechutes, comme de zéro à 200, 300,

350. Mais peut-être bien la descente fut-elle
trop rapide, mal graduée, donnant ainsi naissance à des souffrances superflues, lesquelles
le contraignaient quelquefois à chercher un
secours dans la source même du mal.

Ce qui m'a toujours confirmé dans l'idée
que ce dénouement était *artificiel,* au moins
en partie, c'est un certain ton de raillerie, de
badinage et même de persifflage qui règne
dans plusieurs endroits de cet appendice. Enfin, pour bien montrer qu'il ne donne pas à
son misérable corps cette fanatique attention
des valétudinaires, qui passent leur temps à
s'observer eux-mêmes, l'auteur appelle sur ce
corps, sur cette méprisable « guenille, » ne
fût-ce que pour la punir de l'avoir tant tour-
menté, les traitements déshonorants que la
loi inflige aux pires malfaiteurs; et si les médecins de Londres croient que la science peut
tirer quelque bénéfice de l'analyse du corps
d'un mangeur d'opium aussi obstiné qu'il le
fut, il leur lègue bien volontiers le sien. Cer-

taines personnes riches de Rome commet-
taient l'imprudence, après avoir fait un legs
au prince, de *s'obstiner à vivre*, comme dit
plaisamment Suétone, et le César, qui avait
bien voulu accepter le legs, se trouvait grave-
ment offensé par ces existences indiscrètement prolongées. Mais le *mangeur d'opium* ne
redoute pas de la part des médecins de cho-
quantes marques d'impatience. Il sait qu'on
ne peut attendre d'eux que des sentiments analogues aux siens, c'est-à-dire répondant à ce
pur amour de la science qui le pousse lui-
même à leur faire ce don funèbre de sa précieuse dépouille. Puisse ce legs n'être remis
que dans un temps infiniment reculé; puisse
ce pénétrant écrivain, ce malade charmant
jusque dans ses moqueries, nous être con-
servé plus longtemps encore que le fragile
Voltaire, qui mit, comme on a dit, quatre-
vingt-quatre ans à mourir (1)!

(1) Pendant que nous écrivions ces lignes, la nouvelle de la mort de

Thomas De Quincey est arrivée à Paris. Nous formions ainsi des vœux pour la continuation de cette destinée glorieuse, qui se trouvait coupée brusquement. Le digne émule et ami de Wordsworth, de Coleridge, de Southey, de Charles Lamb, de Hazlitt et de Wilson, laisse des ouvrages nombreux, dont les principaux sont : *Confessions of an english opium eater; Suspiria de profundis; the Cæsars; Literary reminiscences; Essays on the poets; Autobiographic sketches; Memorials; the Note book; Theological essays; Letters to a young man; Classic records reviewed or deciphered; Speculations, literary and philosophic, with german tales and other narrative papers; Klosterheim, or the masque; Logic of political economy* (1844); *Essays sceptical and antisceptical on problems neglected or misconceived,* etc..... Il laisse non-seulement la réputation d'un des esprits les plus originaux, les plus vraiment humoristiques de la vieille Angleterre, mais aussi celle d'un des caractères les plus affables, les plus charitables qui aient honoré l'histoire des lettres, tel enfin qu'il l'a dépeint naïvement dans les *Suspiria de profundis,* dont nous allons entreprendre l'analyse, et dont le titre emprunte à cette circonstance douloureuse un accent doublement mélancolique. M. de Quincey est mort à Edimbourg, âgé de soixante-quinze ans.

J'ai sous les yeux un article nécrologique, daté du 17 décembre 1859, qui peut fournir matière à quelques tristes réflexions. D'un bout du monde à l'autre la grande folie de la morale usurpe dans toutes les discussions littéraires la place de la pure littérature. Les Pontmartin et autres sermonnaires de salons encombrent les journaux américains et anglais aussi bien que les nôtres. Déjà, à propos des étranges oraisons funèbres qui suivirent la mort d'Edgar Poe, j'ai eu occasion d'observer que le champ mortuaire de la littérature est moins respecté que le cimetière commun, où un règlement de police protége les tombes contre les outrages *innocents* des animaux.

Je veux que le lecteur impartial soit juge. Que *le mangeur d'opium* n'ait jamais rendu *à l'humanité de services positifs,* que nous importe ? Si son livre est *beau,* nous lui devons de la gratitude. Buffon, qui dans une pareille question n'est pas suspect, ne pensait-il pas qu'un tour de phrase heureux, une nouvelle manière de bien dire, avaient pour l'homme vraiment spirituel une utilité plus grande que les découvertes de la science ; en d'autres termes, que le Beau est plus noble que le Vrai ?

Que De Quincey se soit montré quelquefois singulièrement sévère pour ses amis, quel auteur, connaissant l'ardeur de la passion littéraire, aurait le droit de s'en étonner ? Il se maltraitait cruellement lui-même ; et d'ailleurs, comme il l'a dit quelque part, et comme avant lui l'avait dit Coleridge, *la malice ne vient pas toujours du cœur ; il y a une malice de l'intelligence et de l'imagination.*

Mais voici le chef-d'œuvre de la critique. De Quincey avait dans sa jeunesse fait don à Coleridge d'une partie considérable de son patrimoine : « Sans doute ceci est noble et louable, *quoique imprudent,* dit le biographe anglais ; mais on doit se souvenir qu'il vint un temps où, victime de son opium, sa santé étant délabrée et ses affaires fort dérangées, il consentit parfaitement à accepter la charité de ses amis. » Si nous traduisons bien, cela veut dire qu'il ne faut lui savoir aucun gré de sa générosité, puisque plus tard il a usé de celle des autres. Le Génie ne trouve pas de pareils traits. Il faut pour s'élever jusque là, être doué de l'esprit envieux et quinteux du critique moral. — C. B.

VI

LE GÉNIE ENFANT

Les *Confessions* datent de 1822, et les *Suspiria,* qui font leur suite et qui les complètent, ont été écrits en 1845. Aussi le ton en est-il, sinon tout à fait différent, du moins plus grave, plus triste, plus résigné. En parcourant mainte et mainte fois ces pages singulières, je ne pouvais m'empêcher de rêver aux différentes métaphores dont se servent les poètes pour peindre l'homme revenu des batailles de la vie ; c'est le vieux marin au dos voûté, au visage couturé d'un lacis inextricable de rides, qui réchauffe à son foyer une

héroïque carcasse échappée à mille aventures;
c'est le voyageur qui se retourne le soir vers
les campagnes franchies le matin, et qui se
souvient, avec attendrissement et tristesse,
des mille fantaisies dont était possédé son cerveau pendant qu'il traversait ces contrées,
maintenant vaporisées en horizons. C'est ce
que, d'une manière générale, j'appellerais
volontiers le ton du *revenant;* accent, non pas
surnaturel, mais presque étranger à l'humanité, moitié terrestre et moitié extra-terres-
tre, que nous trouvons quelquefois dans les
Mémoires d'outre-tombe, quand, la colère ou
l'orgueil blessé se taisant, le mépris du grand
René pour les choses de la terre devient tout
à fait désintéressé.

L'*Introduction* des *Suspiria* nous apprend
qu'il y a eu pour le mangeur d'opium, malgré
tout l'héroïsme développé dans sa patiente
guérison, une seconde et une troisième re-
chute. C'est ce qu'il appelle *a third prostration
before the dark idol.* Même en omettant les rai-

sons physiologiques qu'il allègue pour son excuse, comme de n'avoir pas assez prudemment gouverné son abstinence, je crois que ce malheur était facile à prévoir. Mais cette fois il n'est plus question de lutte ni de révolte. La lutte et la révolte impliquent toujours une certaine quantité d'espérance, tandis que le désespoir est muet. Là où il n'y a pas de remède, les plus grandes souffrances se résignent. Les portes, jadis ouvertes pour le retour, se sont refermées, et l'homme marche avec docilité dans sa destinée. *Suspiria de profundis!* Ce livre est bien nommé.

L'auteur n'insiste plus pour nous persuader que les *Confessions* avaient été écrites, en partie du moins, dans un but de santé publique. Elles se donnaient pour objet, nous dit-il plus franchement, de montrer quelle puissance a l'opium pour augmenter la faculté naturelle de rêverie. Rêver magnifiquement n'est pas un don accordé à tous les hommes, et, même chez ceux qui le possèdent, il ris-

11.

que fort d'être de plus en plus diminué par la dissipation moderne toujours croissante et par la turbulence du progrès matériel. La faculté de rêverie est une faculté divine et mystérieuse; car c'est par le rêve que l'homme communique avec le monde ténébreux dont il est environné. Mais cette faculté a besoin de solitude pour se développer librement; plus l'homme se concentre, plus il est apte à rêver amplement, profondément. Or, quelle solitude est plus grande, plus calme, plus séparée du monde des intérêts terrestres, que celle créée par l'opium?

Les *Confessions* nous ont raconté les accidents de jeunesse qui avaient pu légitimer l'usage de l'opium. Mais il existe ici jusqu'à présent deux lacunes importantes, l'une comprenant les rêveries engendrées par l'opium pendant le séjour de l'auteur à l'Université (c'est ce qu'il appelle ses *Visions d'Oxford*); l'autre, le récit de ses impressions d'enfance. Ainsi, dans la deuxième partie comme dans la première, la biographie servira à expliquer et à *vérifier,* pour ainsi dire, les mystérieuses aventures du cerveau. C'est dans les notes relatives à l'enfance que nous trouverons le germe des étranges rêveries de l'homme adulte, et, disons mieux, de son génie. Tous les biographes ont compris, d'une manière plus ou moins complète, l'importance des anecdotes se rattachant à l'enfance d'un écrivain ou d'un artiste. Mais je trouve que cette importance n'a jamais été suffisamment affirmée. Souvent, en contemplant des ouvrages d'art, non pas dans leur *matérialité* facilement saisissable, dans les hiéroglyphes trop clairs de leurs contours, ou dans le sens évident de leurs sujets, mais dans l'âme dont ils sont doués, dans l'impression atmosphérique qu'ils comportent, dans la lumière ou dans les ténèbres spirituelles qu'ils déversent sur nos âmes, j'ai senti entrer en moi comme une vision de l'enfance de leurs auteurs. Tel petit chagrin, telle petite jouissance de l'enfant, démesurément grossis par une exquise sensibilité, deviennent plus tard dans l'homme adulte, même à son insu, le principe d'une œuvre d'art. Enfin, pour m'exprimer d'une manière plus concise, ne serait-il pas facile de prouver, par une comparaison philosophique entre les ouvrages d'un artiste mûr et l'état de son âme quand il était enfant, que le génie n'est que l'enfance nettement formulée, douée maintenant, pour s'exprimer, d'organes virils et puissants? Cependant je n'ai pas la prétention de livrer cette idée à la physiologie pour quelque chose de mieux qu'une pure conjecture.

Nous allons donc analyser rapidement les principales impressions d'enfance du mangeur d'opium, afin de rendre plus intelligibles les rêveries qui, à Oxford, faisaient la pâture ordinaire de son cerveau. Le lecteur ne doit pas oublier que c'est un vieillard qui raconte son enfance, un vieillard qui, rentrant dans son enfance, la raisonne toutefois avec subtilité, et qu'enfin cette enfance, principe des rêveries postérieures, est revue et considérée à travers le milieu magique de cette rêverie, c'est-à-dire les épaisseurs transparentes de l'opium.

VII

CHAGRINS D'ENFANCE

Lui et ses trois sœurs étaient fort jeunes quand leur père mourut, laissant à leur mère une abondante fortune, une véritable fortune de négociant anglais. Le luxe, le bien-être, la vie large et magnifique sont des conditions très-favorables au développement de la sensibilité naturelle de l'enfant. « N'ayant pas d'autres camarades que trois innocentes petites sœurs, dormant même toujours avec elles, enfermé dans un beau et silencieux jardin, loin de tous les spectacles de la pauvreté, de l'oppression et de l'injustice, je ne pouvais pas, dit-il, soupçonner la véritable complexion de ce monde. » Plus d'une fois il a remercié la Providence pour ce privilége incomparable, non-seulement d'avoir été élevé à la campagne et dans la solitude, « mais encore d'avoir eu ses premiers sentiments modelés par les plus douces des sœurs, et non par d'horribles frères toujours prêts aux coups de poing, *horrid pugilistic brothers.* » En effet, les hommes qui ont été élevés par les femmes et parmi les femmes ne ressemblent pas tout à fait aux autres hommes, en supposant même l'égalité dans le tempérament ou dans les facultés spirituelles. Le bercement des nourrices, les câlineries maternelles, les chatteries des sœurs, surtout des sœurs aînées, espèce de mères diminutives, transforment, pour ainsi dire, en la pétrissant, la pâte masculine. L'homme qui, dès le commencement, a été longtemps baigné dans la molle atmosphère de la femme, dans l'odeur de ses mains, de son sein, de ses genoux, de sa chevelure, de ses vêtements souples et flottants,

> *Dulce balneum suavibus*
> *Onguentatum odoribus,*

y a contracté une délicatesse d'épiderme et une distinction d'accent, une espèce d'androgynéité, sans lesquelles le génie le plus âpre et le plus viril reste, relativement à la perfection dans l'art, un être incomplet. Enfin, je veux dire que le goût précoce du *monde* féminin, *mundi muliebris*, de tout cet appareil ondoyant, scintillant et parfumé, fait les génies supérieurs; et je suis convaincu que ma très-intelligente lectrice absout la forme presque sensuelle de mes expressions, comme elle approuve et comprend la pureté de ma pensée.

Jane mourut la première. Mais pour son petit frère la mort n'était pas encore une chose intelligible. Jane n'était qu'absente; elle reviendrait sans doute. Une servante, chargée

de l'assister pendant sa maladie, l'avait trai-
tée un peu durement deux jours avant sa
mort. Le bruit s'en répandit dans la famille,
et, à partir de ce moment, le petit garçon ne
put jamais regarder cette fille en face. Sitôt
qu'elle paraissait, il fichait ses regards en
terre. Ce n'était pas de la colère, ce n'était
pas l'esprit de vengeance qui dissimule, c'était
simplement de l'effroi ; la sensitive qui se retire à un contact brutal ; terreur et pressenti-
ment mêlés, c'était l'effet produit par cette
affreuse vérité, pour la première fois révélée,
que ce monde est un monde de malheur, de
lutte et de proscription.

Mais la seconde blessure de son cœur d'enfant ne fut pas aussi facile à cicatriser. A son
tour mourut, après un intervalle de quelques
années heureuses, la chère, la noble Elisa-
beth, intelligence si noble et si précoce, qu'il
lui semble toujours, quand il évoque son doux
fantôme dans les ténèbres, voir autour de son
vaste front une auréole ou une tiare de lu-

mière. L'annonce de la fin prochaine de cette
créature chérie, plus âgée que lui de deux
ans, et qui avait pris déjà sur son esprit tant
d'autorité, le remplit d'un désespoir indes-
criptible. Le jour qui suivit cette mort, comme
la curiosité de la science n'avait pas encore
violé cette dépouille si précieuse, il résolut
de revoir sa sœur. « Dans les enfants, le chagrin a horreur de la lumière et fuit les regards humains. » Aussi cette visite suprême
devait-elle être secrète et sans témoins. Il était
midi, et quand il entra dans la chambre, ses
yeux ne rencontrèrent d'abord qu'une vaste
fenêtre, toute grande ouverte, par laquelle
un ardent soleil d'été précipitait toutes ses
splendeurs. « La température était sèche, le
ciel sans nuages ; les profondeurs azurées ap-
paraissaient comme un type parfait de l'infini, et il n'était pas possible pour l'œil de
contempler, ni pour le cœur de concevoir un
symbole plus pathétique de la vie et de la
gloire dans la vie. »

Un grand malheur, un malheur irréparable qui nous frappe dans la belle saison de l'année, porte, dirait-on, un caractère plus funeste, plus sinistre. La mort, nous l'avons déjà remarqué, je crois, dans l'analyse des *Confessions*, nous affecte plus profondément sous le règne pompeux de l'été. « Il se produit alors une antithèse terrible entre la profusion tropicale de la vie extérieure et la noire stérilité du tombeau. Nos yeux voient l'été, et notre pensée hante la tombe; la glorieuse clarté est autour de nous, et en nous sont les ténèbres. Et ces deux images, entrant en collision, se prêtent réciproquement une force exagérée. » Mais pour l'enfant, qui sera plus tard un érudit plein d'esprit et d'imagination, pour l'auteur des *Confessions* et des *Suspiria*, une autre raison que cet antagonisme avait déjà relié fortement l'image de l'été à l'idée de la mort, — raison tirée de rapports intimes entre les paysages et les événements dépeints dans les Saintes Ecritures. « La plupart des pensées et des sentiments profonds nous viennent, non pas directement et dans leurs formes nues et abstraites, mais à travers des combinaisons compliquées d'objets concrets. » Ainsi, la Bible, dont une jeune servante faisait la lecture aux enfants dans les longues et solennelles soirées d'hiver, avait fortement contribué à unir ces deux idées dans son imagination. Cette jeune fille, qui connaissait l'Orient, leur en expliquait les climats, ainsi que les nombreuses nuances des étés qui les composent. C'était sous un climat oriental, dans un de ces pays qui semblent gratifiés d'un été éternel, qu'un juste, qui était plus qu'un homme, avait subi sa *passion*. C'était évidemment en été que les disciples arrachaient les épis de blé. Le dimanche des Rameaux, *Palm Sunday*, ne fournissait-il pas aussi un aliment à cette rêverie? *Sunday*, ce jour du repos, image d'un repos plus profond, inaccessible au cœur de l'homme; *palm*,

palme, un mot impliquant à la fois les pompes
de la vie et celles de la nature estivale ! Le
plus grand événement de Jérusalem était proche quand arriva le dimanche des Rameaux;
et le lieu de l'action, que cette fête rappelle,
était voisin de Jérusalem. Jérusalem, qui a
passé, comme Delphes, pour le nombril ou
centre de la terre, peut au moins passer pour
le centre de la mortalité. Car si c'est là que
la Mort a été foulée aux pieds, c'est là aussi
qu'elle a ouvert son plus sinistre cratère.

Ce fut donc en face d'un magnifique été
débordant cruellement dans la chambre mortuaire, qu'il vint, pour la dernière fois, contempler les traits de la défunte chérie. Il
avait entendu dire dans la maison que ses
traits n'avaient pas été altérés par la mort.
Le front était bien le même, mais les paupières glacées, les lèvres pâles, les mains
roidies le frappèrent horriblement; et pendant qu'immobile il la regardait, un vent
solennel s'éleva et se mit à souffler violem-

ment, « le vent le plus mélancolique, dit-il, que j'aie jamais entendu. » Bien des fois, depuis lors, pendant les journées d'été, au moment où le soleil est le plus chaud, il a ouï s'élever le même vent, « enflant sa même voix profonde, solennelle, memnonienne, religieuse. » C'est, ajoute-t-il, le seul symbole de l'éternité qu'il soit donné à l'oreille humaine de percevoir. Et trois fois dans sa vie il a entendu le même son, dans les mêmes circonstances, entre une fenêtre ouverte et le cadavre d'une personne morte un jour d'été.

Tout à coup, ses yeux, éblouis par l'éclat de la vie extérieure et comparant la pompe et la gloire des cieux avec la glace qui recouvrait le visage de la morte, eurent une étrange vision. Une galerie, une voûte sembla s'ouvrir à travers l'azur, — un chemin prolongé à l'infini. Et sur les vagues bleues son esprit s'éleva; et ces vagues et son esprit se mirent à courir vers le trône de Dieu; mais le trône fuyait sans cesse devant son ardente poursuite. Dans cette singulière extase, il s'endormit; et quand il reprit possession de lui-même, il se retrouva assis auprès du lit de sa sœur. Ainsi l'enfant solitaire, accablé par son premier chagrin, s'était envolé vers Dieu, le solitaire par excellence. Ainsi l'instinct, supérieur à toute philosophie, lui avait fait trouver dans un rêve céleste un soulagement momentané. Il crut alors entendre un pas dans l'escalier, et craignant, si on le surprenait dans cette chambre, qu'on ne voulût l'empêcher d'y revenir, il baisa à la hâte les lèvres de sa sœur et se retira avec précaution. Le jour suivant, les médecins vinrent pour examiner le cerveau; il ignorait le but de leur visite, et, quelques heures après qu'ils se furent retirés, il essaya de se glisser de nouveau dans la chambre; mais la porte était fermée et la clef avait été retirée. Il lui fut donc épargné de voir, déshonorés par les ravages de la science, les restes de celle dont il a pu ainsi garder intacte une image paisible, immobile et pure comme le marbre ou la glace.

Et puis vinrent les funérailles, nouvelle agonie; la souffrance du trajet en voiture avec les indifférents qui causaient de matières tout à fait étrangères à sa douleur; les terribles harmonies de l'orgue, et toute cette solennité chrétienne, trop écrasante pour un enfant, que les promesses d'une religion qui élevait sa sœur dans le ciel ne consolaient pas de l'avoir perdue sur la terre. A l'église on lui recommanda de tenir un mouchoir sur ses yeux. Avait-il donc besoin d'affecter une contenance funèbre et de jouer au pleureur, lui qui pouvait à peine se tenir sur ses jambes ? La lumière enflammait les vitraux coloriés où les apôtres et les saints étalaient leur gloire; et, dans les jours qui suivirent, quand on le menait aux offices, ses yeux, fixés sur la partie non coloriée des vitraux, voyaient sans cesse les nuages floconneux du ciel se transformer en rideaux et en oreillers blancs, sur lesquels reposaient des têtes d'enfants, souf-

12

frants, pleurants, mourants. Ces lits peu à
peu s'élevaient au ciel, et remontaient vers
le Dieu qui a tant aimé les enfants. Plus
tard, longtemps après, trois passages du service funèbre, qu'il avait entendus certainement, mais qu'il n'avait peut-être pas écou-
tés, ou qui avaient révolté sa douleur par
leurs trop âpres consolations, se représentè-
rent à sa mémoire, avec leur sens mystérieux
et profond, parlant de délivrance, de résurrection et d'éternité, et devinrent pour lui un
thème fréquent de méditation. Mais, bien
avant cette époque, il s'éprit pour la solitude
de ce goût violent que montrent toutes les
passions profondes, surtout celles qui ne
veulent pas être consolées. Les vastes si-
lences de la campagne, les étés criblés d'une
lumière accablante, les après-midi brumeu-
ses, le remplissaient d'une dangereuse volupté. Son œil s'égarait dans le ciel et dans le
brouillard à la poursuite de quelque chose
d'introuvable, et il scrutait opiniâtrement les

profondeurs bleues pour y découvrir une
image chérie, à qui peut-être, par un privilége spécial, il avait été permis de se manifester une fois encore. C'est à mon très-grand
regret que j'abrége la partie, excessivement
longue, qui contient le récit de cette douleur
profonde, sinueuse, sans issue, comme un labyrinthe. La nature entière y est invoquée, et
chaque objet y devient à son tour *représentatif*
de l'idée unique. Cette douleur, de temps à
autre, fait pousser des fleurs lugubres et co-
quettes, à la fois tristes et riches; ses accents
funèbrement amoureux se tranforment souvent en concetti. Le deuil lui-même n'a-t-il
pas ses parures? Et ce n'est pas seulement la
sincérité de cet attendrissement qui émeut
l'esprit; il y a aussi pour le critique une jouissance singulière et nouvelle à voir s'épanouir
ici cette mysticité ardente et délicate qui ne
fleurit généralement que dans le jardin de
l'Eglise romaine. — Enfin une époque arriva,
où cette sensibilité morbide, se nourrissant

exclusivement d'un souvenir, et ce goût im-
modéré de la solitude, pouvaient se transformer en un danger positif; une de ces époques
décisives, critiques, où l'âme désolée se dit :
« Si ceux que nous aimons ne peuvent plus
venir à nous, qui nous empêche d'aller à
eux ? » où l'imagination, obsédée, fascinée,
subit avec délices *les sublimes attractions du
tombeau*. Heureusement l'âge était venu du
travail et des distractions forcées. Il lui fallait
endosser le premier harnais de la vie et se
préparer aux études classiques.

Dans les pages suivantes, cependant plus
égayées, nous trouvons encore le même esprit
de tendresse féminine, appliqué maintenant
aux animaux, ces intéressants esclaves de
l'homme, aux chats, aux chiens, à tous les
êtres qui peuvent être facilement gênés, op-
primés, enchaînés. D'ailleurs, l'animal, par
sa joie insouciante, par sa simplicité, n'est-il
pas une espèce de représentation de l'enfance
de l'homme ? Ici donc, la tendresse du jeune

rêveur, tout en s'égarant sur de nouveaux objets, restait fidèle à son caractère primitif. Il aimait encore, sous des formes plus ou moins parfaites, la faiblesse, l'innocence et la candeur. Parmi les marques et les caractères principaux que la destinée avait imprimés sur lui, il faut noter aussi une délicatesse de conscience excessive, qui, jointe à sa sensibilité morbide, servait à grossir démesurément les faits les plus vulgaires, et à tirer des fautes les plus légères, imaginaires même, des terreurs malheureusement trop réelles. Enfin, qu'on se figure un enfant de cette nature, privé de l'objet de sa première et de sa plus grande affection, amoureux de la solitude et sans confident. Arrivé à ce point, le lecteur comprendra parfaitement que plusieurs des phénomènes développés sur le théâtre des rêves ont dû être la répétition des épreuves de ses premières années. La destinée avait jeté la semence; l'opium la fit fructifier et la transforma en végétations étranges et abondantes.

Les choses de l'enfance, pour me servir d'une métaphore qui appartient à l'auteur, devinrent le coëfficient naturel de l'opium. Cette faculté prématurée, qui lui permettait d'idéaliser toutes choses et de leur donner des proportions surnaturelles, cultivée, exercée longtemps dans la solitude, dut à Oxford, activée outre mesure par l'opium, produire des résultats grandioses et insolites même chez la plupart des jeunes gens de son âge.

Le lecteur se rappelle les aventures de notre héros dans les Galles, ses souffrances à Londres et sa réconciliation avec ses tuteurs. Le voici maintenant à l'Université, se fortifiant dans l'étude, plus enclin que jamais à la songerie, et tirant de la substance dont il avait fait, comme nous l'avons dit, connaissance à Londres à propos de douleurs névralgiques, un adjuvant dangereux et puissant pour ses facultés précocement rêveuses. Dès lors, sa première existence entra dans la seconde, et se confondit avec elle pour ne faire qu'un

tout aussi intime qu'anormal. Il occupa sa
nouvelle vie à revivre sa première. Combien
de fois il revit, dans les loisirs de l'école, la
chambre funèbre où reposait le cadavre de sa
sœur, la lumière de l'été et la glace de la
mort, le chemin ouvert à l'extase à travers la
voûte des cieux azurés; et puis, le prêtre en
surplis blanc à côté d'une tombe ouverte, la
bière descendant dans la terre, et la *poussière
rendue à la poussière;* enfin, les saints, les apôtres et les martyrs du vitrail, illuminés par le
soleil et faisant un cadre magnifique à ces lits
blancs, à ces jolis berceaux d'enfants qui opé-
raient, aux sons graves de l'orgue, leur as-
cension vers le ciel! Il revit tout cela, mais il
le revit avec variations, fioritures, couleurs
plus intenses ou plus vaporeuses; il revit tout
l'univers de son enfance, mais avec la richesse
poétique qu'y ajoutait maintenant un esprit
cultivé, déjà subtil, et habitué à tirer ses plus
grandes jouissances de la solitude et du souvenir.

VIII

VISIONS D'OXFORD

Le Palimpseste.

« Qu'est-ce que le cerveau humain, sinon
un palimpseste immense et naturel ? Mon cerveau est un palimpseste et le vôtre aussi, lecteur. Des couches innombrables d'idées, d'i-
mages, de sentiments sont tombées successivement sur votre cerveau, aussi doucement
que la lumière. Il a semblé que chacune ense-
velissait la précédente. Mais aucune en réalité
n'a péri. » Toutefois, entre le palimpseste qui
porte, superposées l'une sur l'autre, une tra-

12.

gédie grecque, une légende monacale, et une histoire de chevalerie, et le palimpseste divin créé par Dieu, qui est notre incommensurable mémoire, se présente cette différence, que dans le premier il y a comme un chaos fantastique, grotesque, une collision entre des éléments hétérogènes; tandis que dans le second la fatalité du tempérament met forcément une harmonie parmi les éléments les plus disparates. Quelque incohérente que soit une existence, l'unité humaine n'en est pas troublée. Tous les échos de la mémoire, si on pouvait les réveiller simultanément, formeraient un concert, agréable ou douloureux, mais logique et sans dissonances.

Souvent des êtres, surpris par un accident subit, suffoqués brusquement par l'eau, et en danger de mort, ont vu s'allumer dans leur cerveau tout le théâtre de leur vie passée. Le temps a été annihilé, et quelques secondes ont suffi à contenir une quantité de sentiments et d'images équivalente à des années.

Et ce qu'il y a de plus singulier dans cette expérience, que le hasard a amenée plus d'une fois, ce n'est pas la simultanéité de tant d'éléments qui furent successifs, c'est la réapparition de tout ce que l'être lui-même ne connaissait plus, mais qu'il est cependant forcé de *reconnaître* comme lui étant propre. L'oubli n'est donc que momentané; et dans telles circonstances solennelles, dans la mort peut-être, et généralement dans les excitations intenses créées par l'opium, tout l'immense et compliqué palimpseste de la mémoire se déroule d'un seul coup, avec toutes ses couches superposées de sentiments défunts, mystérieusement embaumés dans ce que nous appelons l'oubli.

Un homme de génie, mélancolique, misanthrope, et voulant se venger de l'injustice de son siècle, jette un jour au feu toutes ses œuvres encore manuscrites. Et comme on lui reprochait cet effroyable holocauste fait à la haine, qui, d'ailleurs, était le sacrifice de

toutes ses propres espérances, il répondit :
« Qu'importe? ce qui était important, c'était
que ces choses fussent *créées*; elles ont été
créées, donc elles *sont.* » Il prêtait à toute
chose créée un caractère indestructible. Combien cette idée s'applique plus évidemment
encore à toutes nos pensées, à toutes nos actions, bonnes ou mauvaises! Et si dans cette
croyance il y a quelque chose d'infiniment
consolant, dans le cas où notre esprit se tourne
vers cette partie de nous-mêmes que nous
pouvons considérer avec complaisance, n'y
a-t-il pas aussi quelque chose d'infiniment
terrible, dans le cas futur, inévitable, où
notre esprit se tournera vers cette partie de
nous-mêmes que nous ne pouvons affronter
qu'avec horreur? Dans le spirituel non plus
que dans le matériel, rien ne se perd. De même
que toute action, lancée dans le tourbillon de
l'action universelle, est en soi irrévocable et
irréparable, abstraction faite de ses résultats
possibles, de même toute pensée est ineffa-

çable. Le palimpseste de la mémoire est indestructible.

« Oui, lecteur, innombrables sont les poëmes de joie ou de chagrin qui se sont gravés
successivement sur le palimpseste de votre
cerveau, et comme les feuilles des forêts
vierges, comme les neiges indissolubles de
l'Himalaya, comme la lumière qui tombe sur
la lumière, leurs couches incessantes se sont
accumulées et se sont, chacune à son tour,
recouvertes d'oubli. Mais à l'heure de la mort,
ou bien dans la fièvre, ou par les recherches
de l'opium, tous ces poëmes peuvent reprendre
de la vie et de la force. Ils ne sont pas morts,
ils dorment. On croit que la tragédie grecque
a été chassée et remplacée par la légende du
moine, la légende du moine par le roman de
chevalerie; mais cela n'est pas. A mesure que
l'être humain avance dans la vie, le roman
qui, jeune homme, l'éblouissait, la légende
fabuleuse qui, enfant, le séduisait, se fanent
et s'obscurcissent d'eux-mêmes. Mais les pro-

fondes tragédies de l'enfance, — bras d'enfants arrachés à tout jamais du cou de leurs mères, lèvres d'enfants séparées à jamais des baisers de leurs sœurs, — vivent toujours cachées, sous les autres légendes du palimpseste. La passion et la maladie n'ont pas de chimie assez puissante pour brûler ces immortelles empreintes. »

Levana et nos Notre-Dame des Tristesses.

« Souvent à Oxford j'ai vu Levana dans mes
rêves. Je la connaissais par ses symboles ro-
mains. » Mais qu'est-ce que Levana? C'était
la déesse romaine qui présidait aux premières
heures de l'enfant, qui lui conférait, pour
ainsi dire, la dignité humaine. « Au moment
de la naissance, quand l'enfant goûtait pour
la première fois l'atmosphère troublée de notre planète, on le posait à terre. Mais presque
aussitôt, de peur qu'une si grande créature
ne rampât sur le sol plus d'un instant, le
père, comme mandataire de la déesse Levana,
ou quelque proche parent, comme mandataire du père, le soulevait en l'air, lui com-
mandait de regarder en haut, comme étant le
roi de ce monde; et il présentait le front de

l'enfant aux étoiles, disant peut-être à celles-ci
dans son cœur : « Contemplez ce qui est plus
grand que vous ! » Cet acte symbolique représentait la fonction de Levana. Et cette déesse mystérieuse, qui n'a jamais dévoilé ses traits (excepté à moi, dans mes rêves), et qui a toujours agi par délégation, tire son nom du
verbe latin *levare*, soulever en l'air, tenir
élevé. »

Naturellement plusieurs personnes ont entendu par Levana le pouvoir tutélaire qui surveille et régit l'éducation des enfants. Mais ne
croyez pas qu'il s'agisse ici de cette pédagogie
qui ne règne que par les alphabets et les gram-
maires ; il faut penser surtout « à ce vaste
système de forces centrales qui est caché dans
le sein profond de la vie humaine et qui travaille incessamment les enfants, leur ensei-
gnant tour à tour la passion, la lutte, la tentation, l'énergie de la résistance. » Levana
ennoblit l'être humain qu'elle surveille, mais
par de cruels moyens. Elle est dure et sévère,

cette bonne nourrice, et parmi les procédés
dont elle use plus volontiers pour perfection-
ner la créature humaine, celui qu'elle affec-
tionne par-dessus tous, c'est la douleur. Trois
déesses lui sont soumises, qu'elle emploie
pour ses desseins mystérieux. Comme il y a
trois Grâces, trois Parques, trois Furies,
comme primitivement il y avait trois Muses,
il y a trois déesses de la tristesse. Elles sont
nos *Notre-Dame des Tristesses.*

« Je les ai vues souvent conversant avec Levana, et quelquefois même s'entretenant de
moi. Elles parlent donc? Oh! non. Ces puissants fantômes dédaignent les insuffisances du
langage. Elles peuvent proférer des paroles
par les organes de l'homme, quand elles ha-
bitent dans un cœur humain; mais, entre
elles, elles ne se servent pas de la voix; elles
n'émettent pas de sons; un éternel silence
règne dans leurs royaumes..... La plus âgée
des trois sœurs s'appelle *Mater Lachrymarum,*
ou Notre-Dame des Larmes. C'est elle qui,

nuit et jour, divague et gémit, invoquant des visages évanouis. C'est elle qui était dans Rama, alors qu'on entendit une voix se lamenter, celle de Rachel pleurant ses enfants et ne voulant pas être consolée. Elle était aussi dans Bethléem, la nuit où l'épée d'Hérode balaya tous les innocents hors de leurs asiles..... Ses yeux sont tour à tour doux et perçants, effarés et endormis, se levant souvent vers les nuages, souvent accusant les cieux. Elle porte un diadème sur sa tête. Et je sais par des souvenirs d'enfance qu'elle peut voyager sur les vents quand elle entend le sanglot des litanies ou le tonnerre de l'orgue, ou quand elle contemple les éboulements des nuages d'été. Cette sœur aînée porte à sa ceinture des clefs plus puissantes que les clefs papales, avec lesquelles elle ouvre toutes les chaumières et tous les palais. C'est elle, je le sais, qui, tout l'été dernier, est restée au chevet du mendiant aveugle, celui avec qui j'aimais tant à causer, et dont la pieuse fille, âgée de huit ans, à la physionomie lumineuse, résistait à la tentation de se mêler à la joie du bourg, pour errer toute la journée sur les routes poudreuses avec son père affligé. Pour cela, Dieu lui a envoyé une grande récompense. Au printemps de l'année, et comme elle-même commençait à fleurir, il l'a rappelée à lui. Son père aveugle la pleure toujours, et toujours à minuit il rêve qu'il tient encore dans sa main la petite main qui le guidait, et toujours il s'éveille dans des *ténèbres* qui sont maintenant de nouvelles et plus profondes ténèbres..... C'est à l'aide de ces clefs que Notre-Dame des Larmes se glisse, fantôme ténébreux, dans les chambres des hommes qui ne dorment pas, des femmes qui ne dorment pas, des enfants qui ne dorment pas, depuis le Gange jusqu'au Nil, depuis le Nil jusqu'au Mississipi. Et comme elle est née la première et qu'elle possède l'empire le plus vaste, nous l'honorerons du titre de Madone.

» La seconde sœur s'appelle *Mater Suspirio-*

rum, Notre-Dame des Soupirs. Elle n'escalade
jamais les nuages et elle ne se promène pas sur
les vents. Sur son front, pas de diadème. Ses
yeux, si on pouvait les voir, ne paraîtraient ni
doux, ni perçants; on n'y pourrait déchiffrer
aucune histoire; on n'y trouverait qu'une
masse confuse de rêves à moitié morts et les
débris d'un délire oublié. Elle ne lève jamais
les yeux; sa tête, coiffée d'un turban en lo-
ques, tombe toujours, et toujours regarde la
terre. Elle ne pleure pas, elle ne gémit pas.
De temps à autre elle soupire inintelligible-
ment. Sa sœur, la Madone, est quelquefois
tempêtueuse et frénétique, délirant contre le
ciel et réclamant ses bien-aimés. Mais Notre-
Dame des Soupirs ne crie jamais, n'accuse jamais, ne rêve jamais de révolte. Elle est hum-
ble jusqu'à l'abjection. Sa douceur est celle
des êtres sans espoir..... Si elle murmure
quelquefois, ce n'est que dans des lieux solitaires, désolés comme elle, dans des cités rui-
nées, et quand le soleil est descendu dans son

repos. Cette sœur est la visiteuse du Pariah,
du Juif, de l'esclave qui rame sur les galè-
res;..... de la femme assise dans les ténèbres,
sans amour pour abriter sa tête, sans espérance pour illuminer sa solitude;..... de tout
captif dans sa prison; de tous ceux qui sont
trahis et de tous ceux qui sont rejetés; de
ceux qui sont proscrits par la loi de la tradi-
tion, et des enfants de la disgrâce héréditaire.
Tous sont accompagnés par Notre-Dame des
Soupirs. Elle aussi, elle porte une clef, mais
elle n'en a guère besoin. Car son royaume est
surtout parmi les tentes de Sem et les vaga-
bonds de tous les climats. Cependant dans les
plus hauts rangs de l'humanité elle trouve
quelques autels, et même dans la glorieuse
Angleterre il y a des hommes qui, devant le
monde, portent leur tête aussi orgueilleuse-
ment qu'un renne et qui, secrètement, ont
reçu sa marque sur leur front.

» Mais la troisième sœur, qui est aussi la
plus jeune!.... Chut! ne parlons d'elle qu'à

voix basse. Son domaine n'est pas grand; autrement aucune chair ne pourrait vivre; mais
sur ce domaine son pouvoir est absolu.....
Malgré le triple voile de crêpe dont elle enveloppe sa tête, si haut qu'elle la porte, on
peut voir d'en bas la lumière sauvage qui
s'échappe de ses yeux, lumière de désespoir
toujours flamboyante, les matins et les soirs,
à midi comme à minuit, à l'heure du flux
comme à l'heure du reflux. Celle-là défie
Dieu. Elle est aussi la mère des démences et
la conseillère des suicides..... La Madone
marche d'un pas irrégulier, rapide ou lent,
mais toujours avec une grâce tragique. Notre-
Dame des Soupirs se glisse timidement et
avec précaution. Mais la plus jeune sœur se
meut avec des mouvements impossibles à prévoir; elle bondit; elle a les sauts du tigre.
Elle ne porte pas de clef; car, bien qu'elle
visite rarement les hommes, quand il lui est
permis d'approcher d'une porte, elle s'en
empare d'assaut et l'enfonce. Et son nom est

Mater Tenebrarum, Notre-Dame des Ténèbres.

» Telles étaient les Euménides ou *Gra-cieuses* Déesses (comme disait l'antique flat-terie inspirée par la crainte) qui hantaient mes rêves à Oxford. La Madone parlait avec sa main mystérieuse. Elle me touchait la tête; elle appelait du doigt Notre-Dame des Soupirs, et ses signes, qu'aucun homme ne peut lire, excepté en rêve, pouvaient se traduire ainsi : « Vois ! le voici, celui que dans son enfance j'ai consacré à mes autels. C'est lui que j'ai fait mon favori. Je l'ai égaré, je l'ai séduit, et du haut du ciel j'ai attiré son cœur vers le mien. Par moi il est devenu idolâtre ; par moi rempli de désirs et de langueurs, il a adoré le ver de terre, et il a adressé ses prières au tombeau vermiculeux. Sacré pour lui était le tombeau ; aimables étaient ses ténèbres ; sainte sa corruption. Ce jeune ido-lâtre, je l'ai préparé pour toi, chère et douce Sœur des Soupirs ! Prends-le maintenant sur ton cœur, et prépare-le pour notre terrible

Sœur. Et toi, — se tournant vers la *Mater Tenebrarum*, — reçois-le d'elle à ton tour. Fais que ton sceptre soit pesant sur sa tête. Ne souffre pas qu'une femme, avec sa tendresse, vienne s'asseoir auprès de lui dans sa nuit. Chasse toutes les faiblesses de l'espérance; sèche les baumes de l'amour, brûle la fontaine des larmes; maudis-le comme toi seule sais maudire. Ainsi sera-t-il rendu parfait dans la fournaise; ainsi verra-t-il les choses qui ne devraient pas être vues, les spectacles qui sont abominables, et les secrets qui sont indicibles. Ainsi lira-t-il les antiques vérités, les tristes vérités, les grandes, les terribles vérités. Ainsi ressuscitera-t-il avant d'être mort. Et notre mission sera accomplie; que nous tenons de Dieu, qui est de tourmenter son cœur jusqu'à ce que nous ayons développé les facultés de son esprit. »

Le Spectre du Brocken.

Par un beau dimanche de Pentecôte, montons sur le Brocken. Eblouissante aube sans nuages! Cependant Avril parfois pousse ses dernières incursions dans la saison renouvelée, et l'arrose de ses capricieuses averses. Atteignons le sommet de la montagne; une pareille matinée nous promet plus de chances pour voir le fameux Spectre du Brocken. Ce spectre a vécu si longtemps avec les sorciers païens, il a assisté à tant de noires idolâtries, que son cœur a peut-être été corrompu, et sa foi ébranlée. Faites d'abord le signe de la croix, en manière d'épreuve, et regardez attentivement s'il consent à le répéter. En effet, il le répète; mais le réseau des ondées qui s'avance trouble la forme des objets, et lui donne l'air d'un homme qui n'accomplit son devoir qu'avec répugnance ou d'une manière évasive. Recommencez donc l'épreuve, « cueillez une de ces anémones qui s'appelaient autrefois *fleurs de sorcier*, et qui jouaient peut-être leur rôle dans ces rites horribles de la peur. Portez-la sur cette pierre qui imite la forme d'un autel païen ; agenouillez-vous, et, levant votre main droite, dites : Notre père, qui êtes aux cieux !.... moi, votre serviteur, et ce noir fantôme dont j'ai fait, ce jour de Pentecôte, mon serviteur pour une heure, nous vous apportons nos hommages réunis sur cet autel rendu au vrai culte ! — Voyez ! l'apparition cueille une anémone et la pose sur un autel ; elle s'agenouille, elle élève sa main droite vers Dieu. Elle est muette, il est vrai ; mais les muets peuvent servir Dieu d'une manière très-acceptable. »

Toutefois, vous penserez peut-être que ce spectre, accoutumé de vieille date à une dévotion aveugle, est porté à obéir à tous les

cultes, et que sa servilité naturelle rend son
hommage insignifiant. Cherchons donc un
autre moyen pour vérifier la nature de cet
être singulier. Je suppose que, dans votre enfance, vous avez subi quelque douleur inef-
fable, traversé un désespoir inguérissable,
une de ces désolations muettes qui pleurent
derrière un voile, comme la Judée des mé-
dailles romaines, tristement assise sous son
palmier. Voilez votre tête en commémoration
de cette grande douleur. Le fantôme du Brocken, lui aussi, a déjà voilé sa tête, comme s'il
avait un cœur d'homme et comme s'il voulait exprimer par un symbole silencieux le
souvenir d'une douleur trop grande pour
s'exprimer par des paroles. « Cette épreuve
est décisive. Vous savez maintenant que l'apparition n'est que votre propre reflet, et qu'en
adressant au fantôme l'expression de vos secrets sentiments, vous en faites le miroir symbolique où se réfléchit à la clarté du jour ce
qui autrement serait resté caché à jamais. »

Le mangeur d'opium a aussi près de lui un Sombre Interprète, qui est, relativement à son esprit, dans le même rapport que le fantôme du Brocken vis-à-vis du voyageur. Celui-là est quelquefois troublé par des tempêtes, des brouillards et des pluies; de même le Mystérieux Interprète mêle quelquefois à sa nature de reflet des éléments étrangers. « Ce qu'il dit généralement n'est que ce que je me suis dit éveillé, dans des méditations assez profondes pour laisser leur empreinte dans mon cœur. Mais quelquefois ses paroles s'altèrent comme son visage, et elles ne semblent pas celles dont je me serais plus volontiers servi. Aucun homme ne peut rendre compte de tout ce qui arrive dans les rêves. Je crois que ce fantôme est généralement une fidèle représentation de moi-même; mais aussi, de temps en temps, il est sujet à l'action du bon Phantasus, qui règne sur les songes. » On pourrait dire qu'il a quelques rapports avec le chœur de la tragédie grecque, qui souvent

exprime les pensées secrètes du principal personnage, secrètes pour lui-même ou impar-
faitement développées, et lui présente des
commentaires, prophétiques ou relatifs au
passé, propres à justifier la Providence ou à
calmer l'énergie de son angoisse, tels enfin
que l'infortuné les aurait trouvés lui-même si
son cœur lui avait laissé le temps de la méditation.

Savannah-la-Mar.

A cette galerie mélancolique de peintures, vastes et mouvantes allégories de la tristesse, où je trouve (j'ignore si le lecteur qui ne les voit qu'en abrégé peut éprouver la même sensation) un charme musical autant que pittoresque, un morceau vient s'ajouter, qui peut être considéré comme le finale d'une large symphonie.

« Dieu a frappé Savannah-la-Mar, et en une nuit l'a fait descendre, avec tous ses monuments encore droits et sa population endormie, des fondations solides du rivage sur le lit de corail de l'Océan. Dieu dit : J'ai enseveli Pompéi, et je l'ai caché aux hommes pendant dix-sept siècles ; j'ensevelirai cette cité, mais je ne la cacherai pas. Elle sera

pour les hommes un monument de ma mystérieuse colère, fixé pendant les générations
à venir dans une lumière azurée ; car je l'en-
châsserai dans le dôme cristallin de mes mers
tropicales. » Et souvent dans les calmes limpides, à travers le milieu transparent des
eaux, les marins qui passent aperçoivent cette
ville silencieuse, qu'on dirait conservée sous
une cloche, et peuvent parcourir du regard
ses places, ses terrasses, compter ses portes
et les clochers de ses églises : « Vaste cimetière
qui fascine l'œil comme une révélation féeri-
que de la vie humaine, persistant dans les
retraites sous-marines, à l'abri des tempêtes
qui tourmentent notre atmosphère. » Bien
des fois, avec son Noir Interprète, bien des
fois en rêve il a visité la solitude inviolée de
Savannah-la-Mar. Ils regardaient ensemble
dans les beffrois, où les cloches immobiles
attendaient en vain des mariages à proclamer ;
ils s'approchaient des orgues qui ne célébraient plus les joies du ciel ni les tristesses

de l'homme; ensemble ils visitaient les silencieux dortoirs où tous les enfants dormaient depuis cinq générations.

« Ils attendent l'aube céleste, — se dit tout bas à lui-même le Noir Interprète, — et quand cette aube paraîtra, les cloches et les orgues pousseront un chant de jubilation répété par les échos du Paradis. — Et puis, se tournant vers moi, il disait : Voilà qui est mélancolique et déplorable; mais une moindre calamité n'aurait pas suffi pour les desseins de Dieu. Comprends bien ceci..... Le temps présent se réduit à un point mathématique, et même ce point mathématique périt mille fois avant que nous ayons pu affirmer sa naissance. Dans le présent, tout est fini, et aussi bien ce fini est infini dans la vélocité de sa fuite vers la mort. Mais en Dieu il n'y a rien de fini; en Dieu il n'y a rien de transitoire; en Dieu il n'y a rien qui tende vers la mort. Il s'ensuit que pour Dieu le présent n'existe pas. Pour Dieu, le présent,

c'est le futur, et c'est pour le futur qu'il sacri-
fie le présent de l'homme. C'est pourquoi il
opère par le tremblement de terre. C'est pourquoi il travaille par la douleur. Oh! profond
est le labourage du tremblement de terre!
Oh! profond (et ici sa voix s'enflait comme
un *sanctus* qui s'élève du chœur d'une cathé-
drale), profond est le labour de la douleur!
mais il ne faut pas moins que cela pour l'agri-
culture de Dieu. Sur une nuit de tremblement
de terre, il bâtit à l'homme d'agréables ha-
bitations pour mille ans. De la douleur d'un
enfant, il tire de glorieuses vendanges spirituelles qui, autrement, n'auraient pu être
récoltées. Avec des charrues moins cruelles,
le sol réfractaire n'aurait pas été remué. A la
terre, notre planète, à l'habitacle de l'homme,
il faut la secousse; et la douleur est plus souvent encore nécessaire comme étant le plus
puissant outil de Dieu; — oui (et il me regardait avec un air solennel), elle est indispensable aux enfants mystérieux de la terre! »

13.

IX

CONCLUSION

Ces longues rêveries, ces tableaux poéti-
ques, malgré leur caractère symbolique général, *illustrent* mieux, pour un lecteur in-
telligent, le caractère moral de notre auteur,
que ne le feraient désormais des anecdotes
ou des notes biographiques. Dans la dernière
partie des *Suspiria,* il fait encore comme avec
plaisir un retour vers les années déjà si lointaines, et ce qui est vraiment précieux, là comme
ailleurs, ce n'est pas le fait, mais le commentaire, commentaire souvent noir, amer, désolé; pensée solitaire, qui aspire à s'envoler

loin de ce sol et loin du théâtre des luttes
humaines; grands coups d'aile vers le ciel;
monologue d'une âme qui fut toujours trop
facile à blesser. Ici comme dans les parties
déjà analysées, cette pensée est le *thyrse* dont
il a si plaisamment parlé, avec la candeur
d'un vagabond qui se connaît bien. Le sujet
n'a pas d'autre valeur que celle d'un bâton sec et nu; mais les rubans, les pampres
et les fleurs peuvent être, par leurs entre-
lacements folâtres, une richesse précieuse
pour les yeux. La pensée de De Quincey n'est
pas seulement sinueuse; le mot n'est pas
assez fort : elle est naturellement spirale.
D'ailleurs, ces commentaires et ces réflexions
seraient fort longs à analyser, et je dois me
souvenir que le but de ce travail était de montrer, par un exemple, les effets de l'opium sur
un esprit méditatif et enclin à la rêverie. Je
crois ce but rempli.

Il me suffira de dire que le penseur solitaire
revient avec complaisance sur cette sensibilité

précoce qui fut pour lui la source de tant
d'horreurs et de tant de jouissances ; sur son
amour immense de la liberté, et sur le frisson
que lui inspirait la responsabilité. « L'horreur
de la vie se mêlait déjà, dans ma première
jeunesse, avec la douceur céleste de la vie. »
Il y a dans ces dernières pages des *Suspiria*
quelque chose de funèbre, de corrodé et
d'aspirant ailleurs qu'aux choses de la terre.
Çà et là, à propos d'aventures de jeunesse,
l'enjouement et la bonne humeur, la bonne
grâce à se moquer de soi-même dont il
a fait si souvent preuve, se faufilent quelquefois encore ; mais, ce qui est le plus *voyant* et
ce qui saute à l'œil, ce sont les explosions lyriques d'une mélancolie incurable. Par exemple, à propos des êtres qui gênent notre liberté, contristent nos sentiments et violent
les droits les plus légitimes de la jeunesse, il
s'écrie : « Oh! comment se fait-il que ceux-là
s'intitulent eux-mêmes les *amis* de cet homme
ou de cette femme, qui sont justement ceux

que, plutôt que tous autres, cet homme ou
cette femme, à l'heure suprême de la mort,
saluera de cet adieu : Plût au ciel que je
n'eusse jamais vu votre face ! » Ou bien il laisse
cyniquement s'envoler cet aveu, qui a pour
moi, je le confesse avec la même candeur, un
charme presque fraternel : « Généralement,
les rares individus qui ont excité mon dégoût
en ce monde étaient des gens florissants et de
bonne renommée. Quant aux coquins que j'ai
connus, et ils ne sont pas en petit nombre, je
pense à eux, à tous sans exception, avec plaisir et bienveillance. » Notons, en passant, que
cette belle réflexion vient encore à propos de
l'attorney aux affaires équivoques. Ou bien
ailleurs il affirme que, si la vie pouvait ma-
giquement s'ouvrir devant nous, si notre
œil, jeune encore, pouvait parcourir les cor-
ridors, scruter les salles et les chambres de
cette hôtellerie, théâtres des futures tragédies
et des châtiments qui nous attendent, nous et
nos amis, tous, nous reculerions frémissants

d'horreur! Après avoir peint, avec une grâce
et un luxe de couleurs inimitables, un tableau
de bien-être, de splendeur et de pureté domestiques, la beauté et la bonté encadrées
dans la richesse, il nous montre successivement les gracieuses héroïnes de la famille,
toutes, de mère en fille, traversant, chacune
à son tour, de lourds nuages de malheur ; et il
conclut en disant : « Nous pouvons regarder la
mort en face ; mais sachant, comme quelques-
uns d'entre nous le savent aujourd'hui, ce
qu'est la vie humaine, qui pourrait sans frissonner (en supposant qu'il en fût averti)
regarder en face l'heure de sa naissance ? »

Je trouve au bas d'une page une note qui,
rapprochée de la mort récente de De Quincey,
prend une signification lugubre. Les *Suspiria
de profundis* devaient, dans la pensée de l'auteur, s'étendre et s'agrandir singulièrement.
La note annonce que la légende sur les Sœurs
des Tristesses fournira une division naturelle
pour des publications postérieures. Ainsi, de

même que la première partie (la mort d'Eli-
sabeth et les regrets de son frère) se rapporte
logiquement à la Madone ou Notre-Dame des
Larmes, de même une partie nouvelle, *les
Mondes des Pariahs,* devait se ranger sous l'invocation de Notre-Dame des Soupirs; enfin,
Notre-Dame des Ténèbres devait *patronner le
Royaume des Ténèbres.* Mais la Mort, que nous
ne consultons pas sur nos projets et à qui
nous ne pouvons pas demander son acquiesce-
ment, la Mort, qui nous laisse rêver de bonheur et de renommée et qui ne dit ni oui ni
non, sort brusquement de son embuscade, et
balaye d'un coup d'aile nos plans, nos rêves
et les architectures idéales où nous abritions
en pensée la gloire de nos derniers jours!

TABLE

FIN

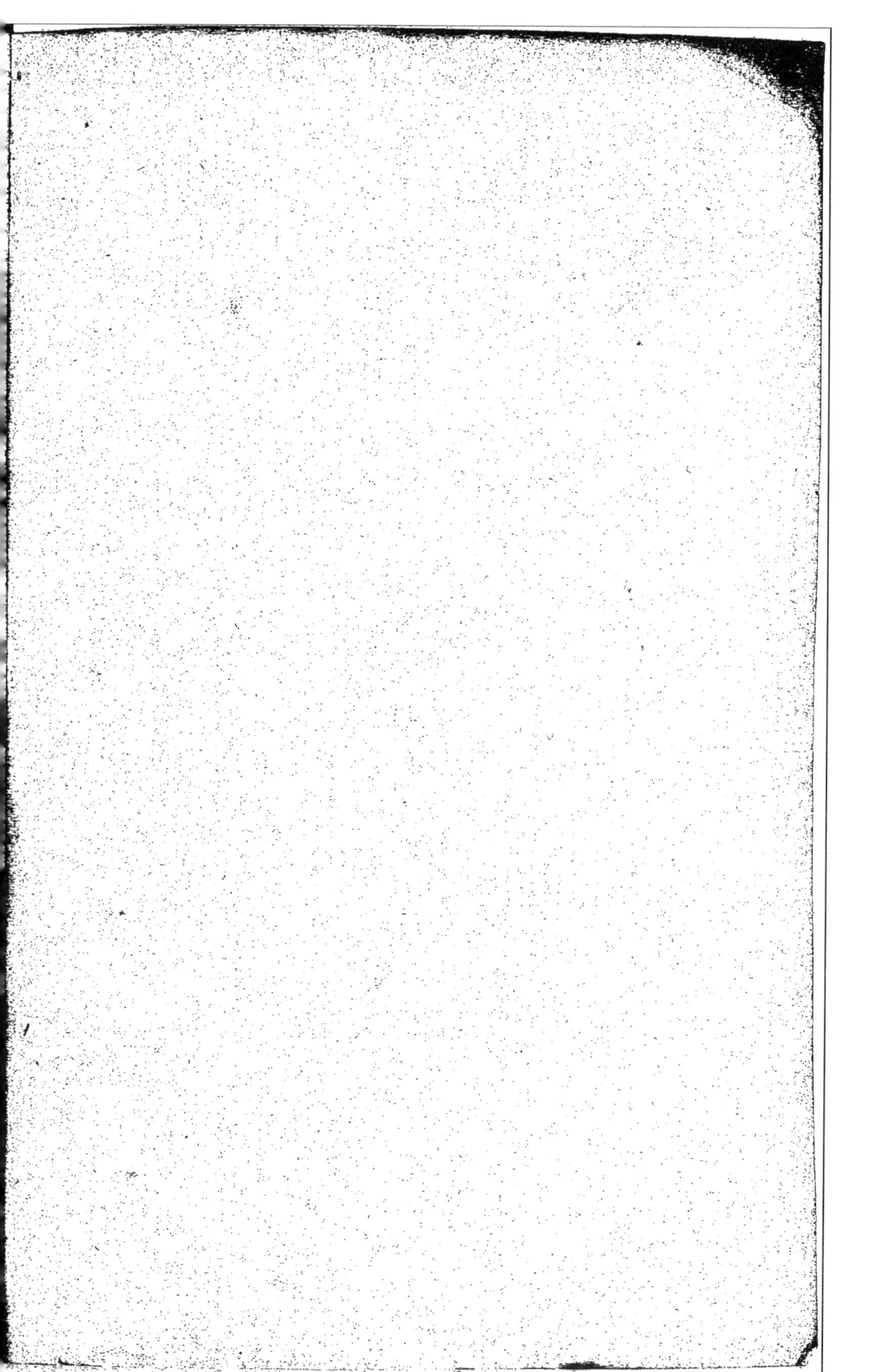

OUVRAGES DU MÊME AUTEUR

CHEZ POUELT-MALASSIS ET DE BROISE

—

THÉOPHILE GAUTIER, notice littéraire, précédée d'une
lettre de Victor Hugo, avec un portrait gravé par
E. Thérond; 1 vol. in-8°.   1 fr.

SOUS PRESSE

LES FLEURS DU MAL, 2ᵉ édition considérablement aug-
mentée; 1 vol.

CURIOSITÉS ESTHÉTIQUES; 1 vol.

RÉFLEXIONS SUR QUELQUES-UNS DE MES CONTEMPORAINS;
1 vol.

> Edgar Poe, Théophile Gautier, Pierre Dupont, Richard Wagner, Au-
> guste Barbier, Leconte de Lisle, Hégésippe Moreau, Petrus Borel,
> Marceline Desbordes-Valmore, Gustave Le Vavasseur, Gustave Flau-
> bert, Philibert Rouvière; la famille des *Dandies*, ou Château-
> briand, de Custine, Paul de Molènes et Barbey d'Aurevilly.

———

CHEZ MICHEL LÉVY

—

Traduction des OEuvres d'Edgar Poe

HISTOIRES EXTRAORDINAIRES; 1 vol.

NOUVELLES HISTOIRES EXTRAORDINAIRES; 1 vol.

AVENTURES D'ARTHUR GORDON PYM; 1 vol.

SOUS PRESSE

EUREKA, poëme en prose, ou essai sur l'univers matériel
et spirituel; 1 vol.

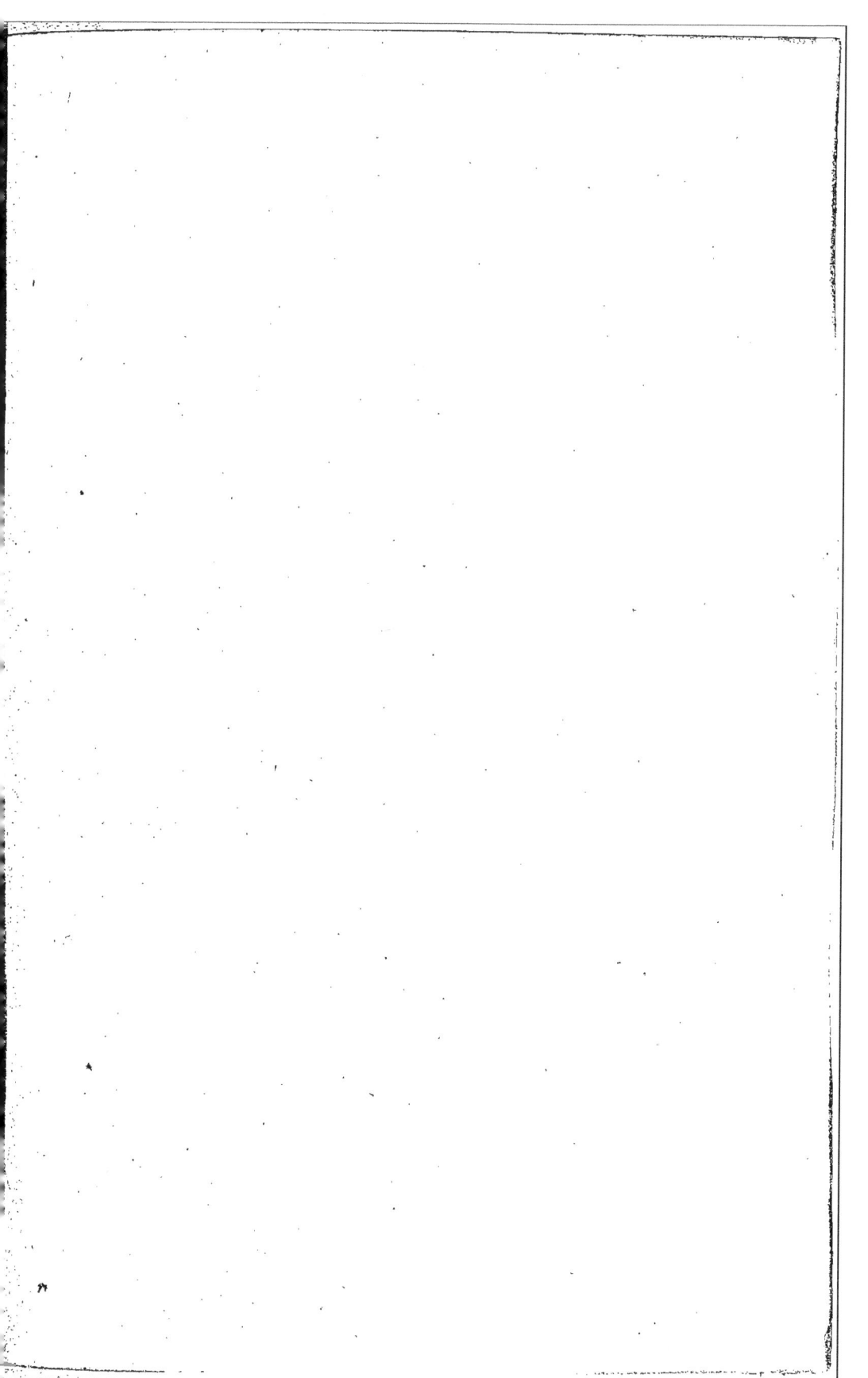